卡耐基给少年的成长书

做情绪的主人

壹直读 · 编著

化学工业出版社

·北京·

图书在版编目（CIP）数据

做情绪的主人/壹直读编著.—北京：化学工业出版社，2023.5
（卡耐基给少年的成长书）
ISBN 978-7-122-43089-2

Ⅰ.①做… Ⅱ.①壹… Ⅲ.①情绪-自我控制-青少年读物 Ⅳ.①B842.6-49

中国国家版本馆CIP数据核字（2023）第065388号

KANAIJI GEI SHAONIAN DE CHENGZHANG SHU：ZUO QINGXU DE ZHUREN

卡耐基给少年的成长书：做情绪的主人

责任编辑：隋权玲　　　　　　　　　　装帧设计：史利平
责任校对：李　爽

出版发行：化学工业出版社（北京市东城区青年湖南街13号　邮政编码100011）
印　　装：三河市延风印装有限公司
710mm×1000mm　1/16　印张10　2024年3月北京第1版第1次印刷

购书咨询：010-64518888　　　　　　　售后服务：010-64518899
网　　址：http://www.cip.com.cn
凡购买本书，如有缺损质量问题，本社销售中心负责调换。

定　　价：49.80元　　　　　　　　　　　　　　　版权所有　违者必究

前言 PREFACE

戴尔·卡耐基（1888年11月24日—1955年11月1日），美国著名人际关系学大师，美国现代成人教育之父，被誉为20世纪最伟大的心灵导师和成功学大师。卡耐基在如何调整自身情绪、保持健康心态、积极地面对生活压力等方面，为人们提供了许多行之有效的指导。其经典著作《人性的优点》和《人性的弱点》对很多人产生了深远影响。这两本书的衍生书籍有很多，涉及女性、口才、交际、励志等方面，但专门以少年儿童为读者对象的却很少，事实上，卡耐基的经验对少年儿童也很有指导意义。

忧虑、愤怒、自卑、内疚、孤独……很多人在一生中都会经历这样或那样的情绪困扰。而对处在人生成长关键阶段的少年儿童来说，学会调控情绪就显得尤为重要。所以，我们通过对卡耐基相关著作的选材整理、丰富扩展，将其中适合少年儿童的内容筛选出来，编写了这本《做情绪的主人》。期冀可以帮助少年儿童摆脱成长道路上的负面能量，重新找回健康情绪。

在本书中，每个小节都以少年儿童的"情绪问题知多少（案例故事）"开篇，提出他们的困扰和问题；接着是"案例时间"，用一些经典案例提供该类问题或正面或反面的实例；之后是"卡耐基如是说"，这个栏目结合卡耐基的相关著作内容，对这些问题加以解释、扩展，给大家以哲理性的启示；最后是"你可以这样做"，列举具体、翔实的应对方法，其间穿插实战漫画,用简单的小漫画模拟应用场景,并提供两种解决问题的思路和方法,让少年儿童在对比中更清晰、明了地进行择优。

希望这本基于卡耐基经典、适合少年儿童阅读的图书,能够给少年儿童切实有效的指导和借鉴,并对少年儿童的成长和进步贡献绵薄之力!

壹直读

目录 | CONTENTS

第一章　是什么触动了情绪的开关?

1. 影响情绪变化的四种因素　　　　　／1
2. 情绪≠"坏事"　　　　　　　　　　／6
3. 不易被感知的情绪　　　　　　　　／10
4. 情绪为什么会容易失控?　　　　　／14

第二章　聪明的人，与情绪为友

1. 激烈的情绪反应对身心有害　　　　／18
2. 过度压抑情绪容易自我封闭　　　　／22
3. 认清正面情绪的强大作用　　　　　／26
4. 三步走，让情绪听你的　　　　　　／30

第三章　忧虑，走远点

1. 见招拆招，揭开"烦恼"的面纱　　／34
2. 过度忧虑的危害　　　　　　　　　／38
3. 无法避免的事，试着接受吧　　　　／42
4. 不杞人忧天，和小概率事件和平相处　／46
5. 不纠过往，不惧未来，现在就刚刚好　／50

第四章　都是愤怒惹的祸

1. 你的愤怒从何而来　　　　　　　　／55
2. 愤怒的三种表现形式　　　　　　　／59
3. 和平相处，试试非暴力沟通　　　　／63
4. 适当地发怒，可以帮你赢得尊重　　／67
5. 试着原谅，别拿别人的错误惩罚自己　／71

第五章　不要被内疚感击倒

1. 内疚的心理表现——"都怪我" /76
2. 远离想象出来的内疚 /80
3. 有效道歉，维护良好的人际关系 /84
4. 自我原谅，和不安的自己和解 /88
5. 不过于执着，重新投入生活 /92

第六章　走出自卑的阴影

1. 导致自卑形成的三个因素　96
2. 自卑引发的负面情绪　100
3. 摆脱自卑，压制脑海中的自我批评　104
4. 接纳自己，肯定自己的长处　108
5. 要自信，不要自负　112

第七章　孤独是人生的礼物

1. 孤独≠寂寞　117
2. 孤独具有传染性　121
3. 正视孤独，移除消极观念　125
4. 充分利用时间，享受孤独　130
5. 创造与人社交的机会　134

第八章　做自己情绪的主宰者

1. 改变自己，摆脱负面情绪　138
2. 别让"想太多"毁了你　142
3. 发泄情绪要适可而止　146
4. 用理智来指导情绪　150

第一章 是什么触动了情绪的开关?

1. 影响情绪变化的四种因素

我是小灰,上小学四年级,我很喜欢研究东西,常把家里的遥控器、玩具车、吸尘器拆开来研究,尽管经常组装不回去。开心的时候,我会手舞足蹈;遇到麻烦和困难,我会烦闷、暴躁。最近,同学们都说我善变,管我叫"变色龙",也离我远远的,这下我更烦躁了。我想找心理辅导室的苗老师咨询一下,这是同学们的问题还是我的问题呢?

在2006年的世界杯决赛中,意大利队对阵齐达内率领的法国队。

比赛一开始,意大利队的马特拉齐由于犯规,送给了法国队一记点球,齐达内利用点球帮助法国队取得领先优势。因为自己的失误导致丢球,马特拉齐十分自责,但他将功补过,很快攻入了一个头球,扳平了比分。

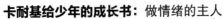

比赛到了第109分钟时,马特拉齐在成功化解了法国队的一次进攻后,开始故意用言语激怒齐达内。齐达内开始并不想搭理对手的言语,但后来却没能控制住自己的情绪,和马特拉齐发生了口角,齐达内在情绪失控之下,一头将马特拉齐顶翻,直接被裁判员红牌罚下!齐达内下场,意大利队最大的威胁被除去,球队士气大振。

最终,法国队在点球大战中不敌意大利队,遗憾地输掉了比赛。实际上,在齐达内被罚下场前,法国队一度占据优势,这场比赛是齐达内球员生涯的告别战,如果法国队夺冠,齐达内可能获得金球奖。但正是由于没有控制好自己的情绪,齐达内最终为自己的冲动付出了代价,也让整个球队为自己的情绪失控买了单。

人的情绪可以分为良性情绪和不良情绪。人不可能永远处在良性情绪之中,环境、认知、人际关系和身体因素等都会造成我们情绪的波动,甚至产生忧虑、愤怒、自卑等不良情绪。

其中环境因素是指家庭、学校、社会等影响情绪、情感的环境,认知指的是个人对事情的看法,人际关系指人与人之间的交往,身体因素则包括饮食、运动、睡眠等和情绪关联较多的因素。

阿尔弗雷德·阿德勒认为,人类最非凡的特质之一就是"变不利为有利的能力"。了解、认识了影响情绪的因素,并将不利因素加以转换、调整,能更好地从源头控制情绪,而非放任自己的情绪起伏不定,给人善变、不成熟、不稳重的印象。

第一章 | 是什么触动了情绪的开关？

如何调节影响情绪发展的因素？

 合理沟通，营造环境。

家庭、学校和社会等是影响情绪、情感的环境因素。家庭、学校应具备温馨、健康、正向的环境氛围，如果不具备适当的环境，如长期缺乏父母陪伴，孩子容易产生孤独、自卑、焦虑等情绪。在这种情况下，与其强迫自己适应，不如和家长、老师合理沟通，共同为正向情绪发展营造环境。

假如小灰的爸爸妈妈忙于工作，经常让小灰一个人在家，他该怎么办呢？

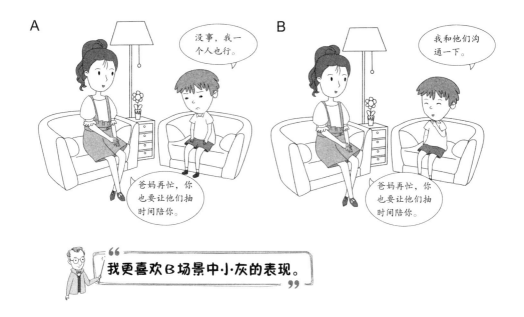

2 积极地认知事物。

影响人们产生好、坏情绪的原因其实不是事情本身，而是我们对事物的不同认知。同一件事情，只要两个人的看法不同，由此所产生的情绪也会不同。积极的看法会引发积极的情绪，消极的看法则会引发消极的情绪。因此，要想拥有积极的情绪，就要从积极的角度看问题。

设想一下，小灰正高兴地跟同学们讲自己的新发现，突然被陈思踩了一脚，他该如何回应？

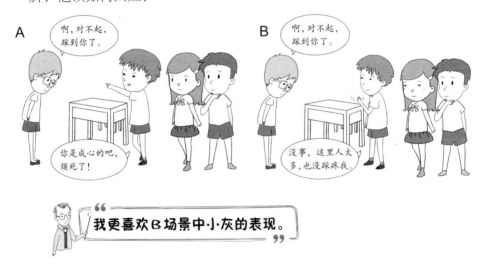

"我更喜欢B场景中小灰的表现。"

3 建立和谐的人际关系。

不好的人际关系会影响情绪，而不良情绪又会影响我们的人际交往，从而形成恶性循环。因此，协调好人际关系对形成良好情绪非常重要。情绪健康、心胸开阔是建立和谐人际关系的重要因素。一个微笑，一句温暖的话，一个诚挚的眼神，都能起到增进友谊的效果。

如果同学们都叫小灰"变色龙"，不和他一起玩，小灰该怎么办？

第一章 | 是什么触动了情绪的开关？

4 加强身体管理。

饮食、运动等方面的因素和情绪也有很大的关联。研究发现，运动对人的情绪有很大影响，越是不爱运动的人快乐得分越低，还容易存在孤独、忧郁、焦躁等不良情绪。反之，增强运动可以缓解一些不良情绪。饮食上，糖类有利于让人心境平和，喜欢吃辣的人则容易产生愤怒情绪。因此，要相应地加强身体管理，如增强运动，少吃辛辣，保证睡眠等。

假如小灰不爱锻炼身体，心情不好就对身边的人发泄，他该如何改变呢？

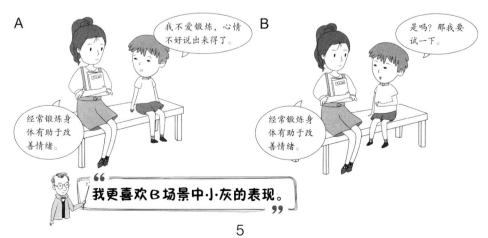

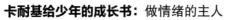

2. 情绪 ≠ "坏事"

情绪问题知多少

我是陈思，小灰的同班同学。我从小跟着爷爷在乡下长大，后来才转校过来。我每天都充满了各种各样的忧虑，担心同学们不喜欢我，担心老师讨厌我，担心自己会惹祸……我越是想摆脱忧虑的情绪，反而越陷越深。上星期的心理健康教育课上，苗老师说情绪并不一定都是坏事，情绪也可以发挥好的作用，真是这样吗？

1960年1月，年过40的安东尼·布尔盖斯得知自己患了脑癌，医生预判他最多能活一年。由于破产，他没有任何东西可以留给自己的妻子琳娜，而她马上就要成为一个寡妇了。处在对死亡的恐惧和对妻子今后生活的忧虑中，他只能尽可能地和时间赛跑。

布尔盖斯知道自己有写小说的潜质，虽然他并不是一个职业作家。为了给琳娜多留点钱，他开始尝试写小说。他不知道自己什么时候会病故，那段时间，布尔盖斯带着忧虑，没日没夜地写作。在步入1961年之前，他居然写完了5部小说。

更让人不可思议的是，布尔盖斯还活着！他的病情开始好转，癌细胞也逐渐消失了。此后，布尔盖斯一直坚持写小说，他一生写了70多部书，可以说是一位极为高产的作家。

假如没有那个可怖的死亡预言，假如布尔盖斯没有对妻子深深的忧虑，也许他根本就不会从事写作，而是在破产的痛苦中度过余生。有时候，恐惧和忧虑并不会打垮一个人，反而会把他身上隐藏的巨大力量激发出来。

良性情绪对我们自然是有利的。当人处在积极、乐观的情绪状态时，更倾向于注意事物美好的一面，从而身心愉悦，有利于身体健康，并能让我们在良好的情绪中发展壮大自己。

但不良情绪同样具有积极的一面。有科学家认为，负面情绪是平衡精神健康的重要因素，也是生物与生俱来的特征，一味地抑制负面情绪是有害无益的。一味地否定、压抑自己的不良情绪，反而会增加自己的压力。如果能够娴熟地运用各种情绪，就能掌控与转化不良情绪，并赋予其新的价值。如在遇到危险时，人会自然产生害怕的情绪，但也可以转而激发出更多的能量与之对抗或逃离，以达到保护自己和家人的目的。

如何让情绪发挥好的作用？

1 **增加自己的良性情绪。**

良性情绪能够让人更幸福，有益于身心健康，而且处于积极情绪中，人的注意范围变得更广,想象力变得更活跃,能够大幅度提升调节情绪、解决问题和感知事物的能力。因此,日常生活中不妨想办法增加自己的积极情绪,如回忆一件美好的往事,接受一点小小的善意,甚至只是看个喜剧、逗一逗小动物等。

如果陈思刚转校不久,面对前来搭讪的小灰,他该怎么办呢?

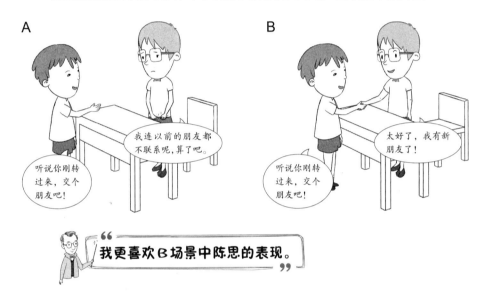

" 我更喜欢B场景中陈思的表现。"

2 学着接受不良情绪。

产生消极情绪是人们面对挫折的正常反应,无法完全避免和消除。与其压抑、否认不良情绪,不如承认、接受它们。因为一味地压抑,反而不利于内心情绪的释放,只会增加不良情绪的积累。所谓"接受",就是承认自我情绪的真实性,以此来正视我们的不良情绪。

设想一下,如果陈思没有回答出老师的问题,因此感觉非常沮丧,他该怎么开导自己?

第一章 | 是什么触动了情绪的开关？

3 挖掘不良情绪的潜在能量。

愤怒、焦躁等不良情绪由大脑的情绪控制区产生，并刺激大脑，使人产生应激反应，生成愤怒、焦躁的情绪和动作。但是与此同时，人们的注意力反而会更加集中，能提高反应能力，更容易激发创造力。如恐惧可以促使人面对危险迅速作出反应；忧虑能使人将注意力凝聚，为某件事做好准备。因此，将不良情绪加以挖掘利用，也可以转变成好事。

马上要考试了，陈思非常紧张，面对这样的情绪他该怎么办？

卡耐基给少年的成长书：做情绪的主人

3. 不易被感知的情绪

我是阿满，小学五年级的学生。我特别害怕独处，人多了我就很开心，没有人在身边我就很焦躁。为了能避免只有我一个人，我总是想尽办法往人群中间凑，可以说哪里热闹，哪里就有我。可是前天我的同桌大豪却冲我发了很大的脾气，说我像块狗皮膏药一样黏人。可我真的害怕一个人待着，我这是怎么了？

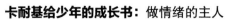

在林肯担任美国总统的时候，有一天，战争部长斯坦顿来找林肯，他气呼呼地对林肯说，有个名叫摩里斯的少将居然背地里侮辱他，说他缺乏军事才能，他表示一定要好好收拾一下这个少将。

林肯听了，对斯坦顿说："那我建议你写一封内容尖刻的信好好回敬那个家伙，我站在你这边。"

斯坦顿很受鼓舞，立刻写了一封措辞激烈的信，信中对摩里斯极尽指责和辱骂，斯坦顿对自己写的信满意极了，于是他把信拿给林肯过目。

"对了，对了。"林肯高声叫好，"斯坦顿，你的文笔真是太好了！

就应该这样好好教训他一顿。"

斯坦顿听了非常得意,但当他把信叠好装进信封里时,林肯却叫住了他,问他:"你要干什么?"

"当然是寄出去呀。"斯坦顿有些摸不着头脑。

"不要胡闹。"林肯大声说,"快把它扔到炉子里烧掉。你为什么想收拾摩里斯少将?只是因为你感到愤怒,而你在写这封信的时候,怒气已经发泄得差不多了。刚才你写信的时候还笑得很开心呢。不信你可以问问自己,现在感觉怎么样?"

"咦,如你所说,确实好多了。我已经不想再为这件事纠结了。"斯坦顿大笑着离开了。

情绪是变幻莫测的,情绪的来去很难掌控,可能忽然间你会感到愤怒,忽然间你又感到失望、挫败。并且人的情感很细腻,如难过里面可能包含了沮丧、悲伤、寂寞、痛苦等不同的情绪。因此,提升对情绪的感知力,能避免我们深陷情绪之中还全然不知。

感知情绪包括意识到自己的情绪、识别他人的情绪。意识到自己的情绪,即明确自己现在是什么情绪,并弄清楚情绪的起因,从而能够有意识地自己寻找出口。识别他人的情绪,则是与他人相处时,能准确地捕捉到他人的情绪变化,这既是在人际交往中对别人的尊重,又是一种非常重要的交际能力。

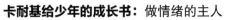

应如何感知情绪？

1 练习察觉自己的真实情绪。

当我们感到烦躁不安或消极沉闷时，我们要先了解自己当下的真实情绪是什么，是内疚、悲伤还是焦虑、愤怒或委屈等。明确了自己的情绪是哪一种之后，我们才能做到"对症下药"。练习察觉自己的情绪时，可以回想当时的情景和内心的感觉，然后确定自己的真实情绪是什么，以及为什么会产生这样的情绪体验。

例如，面对大豪的指责，阿满仍然不想一个人待着，他该如何正确认识自己的情绪？

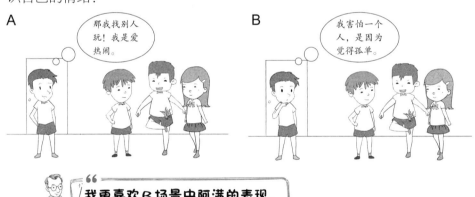

2 明确需要调适的情绪。

在察觉到自己的真实情绪后，对那些不利于自己的、严重影响了正常生活和学习的情绪，就需要加以明确，并进行相应调适了。譬如，校门口曾经有人打过架，自己因此对校门十分恐惧，甚至放学不敢单独回家，影响了日常生活,这就需要进行调适了。

设想一下,如果阿满觉得强烈的孤独感妨碍了自己的生活,他该怎么做?

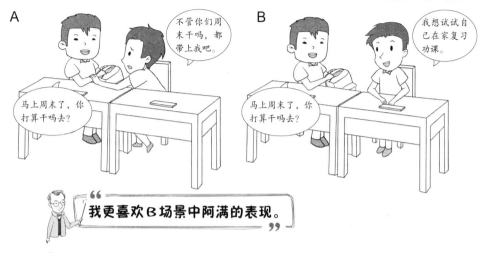

3 学会感知他人的情绪。

在人际交往中,很多人喜欢沉浸在自己的表达当中,只顾及自己的情绪,而很少会照顾到他人的感受。这会导致他人的反感、排斥,影响正常的人际关系。因此,学会感知他人的情绪,注意他人从口吻、神态、动作中传达的情绪变化,不仅很好地尊重了对方,还有利于促进彼此更好地沟通交流。

假如大豪不太想放学和阿满一起回家,阿满应该怎么回复他?

卡耐基给少年的成长书：做情绪的主人

4. 情绪为什么会容易失控？

我是大豪，阿满的同桌。大家都说我脾气不好，动不动就生气。连葛老师都说我是我们班的"大炮仗"，一点就着。其实我也不想总发脾气，可是我控制不好自己的情绪，看到不喜欢的人或者遇到不如意的事，我都会火冒三丈。上次我还狠狠凶了阿满一顿，事后我特别后悔。我想咨询一下苗老师，为什么我比别人更爱发脾气呢？该怎么避免发脾气呢？

美国社会心理学家费斯廷格曾在书中举过这样一个例子：

卡斯丁早上起床后洗漱时，随手将自己的高档手表放在洗漱台边，妻子怕手表被水淋湿了，就将手表拿到了餐桌上。儿子起床后到餐桌吃饭时，不小心将手表碰到地上，摔坏了。

卡斯丁看到摔坏的手表，心疼坏了，立马气急败坏地将儿子打了一顿，并把妻子骂了一通。妻子辩解是怕水把手表打湿，卡斯丁则说自己的手表是防水的，于是二人激烈地争吵起来。

卡斯丁一气之下早餐也没有吃，直接开车去了公司，快到公司时才发现自己忘了带公文包，又立刻返回家。可是家中没人，妻子上班去了，儿子上学去了，钥匙在公文包里，他进不了门，便给妻子打电话要钥匙，妻子只得从上班路上折返回来送钥匙。

待拿到公文包后，卡斯丁已经迟到了，挨了上司一顿严厉的批评；妻子因为迟到，被扣除当月全勤奖；儿子这天参加棒球赛，因心情不好发挥不佳，第一局就被淘汰了。

在这个事例中，手表摔坏只是发生的一个事件，由于当事人没有控制好自己的情绪，引发了一系列连锁反应，使这一天成了"闹心的一天"。

卡耐基如是说

不良情绪尽管也具有一定的积极作用，但当它们失控时，却会严重干扰我们的日常生活和学习。一个人要想获得成功，就需要善于管理自己的情绪，做自己情绪的主人，而不是让情绪左右你的思想和行为。

情绪失控一般具有引爆快、情绪反应大、事后会后悔等特点。情绪失控和多种因素有关，比如性格、环境，以及情绪积累等。如果一个人本来性格就不好，有暴脾气、坏脾气，这样的人的不良情绪就会比一般人来得快、破坏性也更大。环境方面，糟糕的人际关系、嘈杂的环境等更容易引起情绪失控。另外，越是时常压抑自己情绪的人，他的不良情绪积累达到一定水平，更容易情绪失控。

卡耐基给少年的成长书：做情绪的主人

怎样避免情绪失控？

1 学会标记情绪。

想要避免情绪失控，首先要做的就是辨识出你的情绪，这样你才能明白自己时常产生哪些情绪。接下来，需要在这些情绪中标记出最常失控的情绪，并在今后出现这种情绪时，及时发现，从而在情绪失控前及时刹车。

如果苗老师问大豪发脾气的原因，他该怎么回答呢？

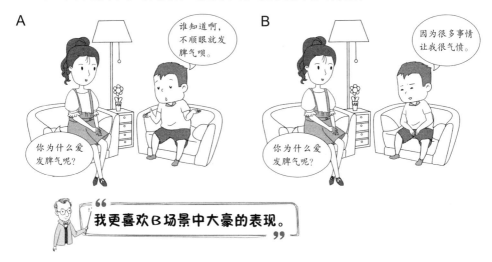

2 倾听内心的"应该"。

在感受到不良情绪时，其实人们内心常常会有一些正确的考量，只不过经常会被我们忽略。在恰当的时候，不妨聆听内心"应该"做什么的声音，这个指示常常是很有价值的。比如，面对在你面前显摆的同学，你有些嫉妒，但你内心知道，你应该更加努力学习，不去攀比，从而将注意力从嫉妒情绪上移开。

设想一下，如果阿满不小心弄坏了大豪的文具盒，大豪知道阿满不是故意的，不该冲他发脾气，他该怎么倾听内心的"应该"呢？

第一章 | 是什么触动了情绪的开关？

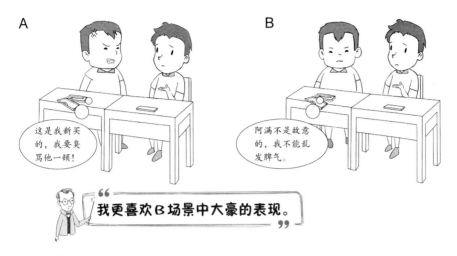

> 我更喜欢B场景中大豪的表现。

3 调节呼吸频率，转移注意力。

调节呼吸频率是情绪管理的常用方法。此外，通过视觉、嗅觉、听觉、味觉的刺激，也可以调节情绪，转移注意力，如深呼吸、听音乐、做运动等。这些调节方法的目标，都是减慢呼吸、降低心率，从而达到调节情绪和阻断情绪反复的作用。

假如葛老师临时取消了大豪参加数学竞赛的资格，得知这个消息后，愤怒的大豪应该如何调节情绪？

> 我更喜欢B场景中大豪的表现。

第二章 聪明的人，与情绪为友

1. 激烈的情绪反应对身心有害

我是陈思，最近学校要选一个广播员，在课间休息的时候为大家播报时事、朗读美文、播放歌曲等。没想到老师把我推荐上去了，为了这个事，我担心得吃也吃不好，睡也睡不着。这可是在全校广播啊，我搞砸了怎么办？被同学嘲笑怎么办？老师鼓励我试一试，可是一坐在广播话筒前，我就紧张得肚子疼，该怎么办啊？

连性格坚强、身体素质好的人，也会因为过于激烈的情绪而患病。

美国南北战争快要结束时，格兰特将军的部队包围里士满已经九个月了，此时李将军率领的南方军队衣衫不整，食不果腹，整支军队士气低落，士兵开始整团整团地叛逃。

一切即将结束，李将军的手下放火烧了里士满的棉花及烟草仓库，也烧了军火库,随后趁乱连夜弃城逃跑。

格兰特将军十分担心,他怕对方逃掉,追击不上,便命人从左右两侧和后方夹击南部联军。但格兰特却因为过度忧虑和紧张,引发了剧烈头痛,甚至连眼睛都几乎看不见了。半盲的格兰特无法跟上队伍,只好在一家农舍前停下脚步。

"我在那里过了一夜,"后来,格兰特在自己的回忆录中写道,"我把双脚泡在加了芥末的水里,还把芥末药膏贴在我的两个手腕和后颈上,希望第二天早上头不再疼了。"

第二天早上,他果然好了。但是那跟芥末药膏无关,而是因为一个骑兵带来了李将军的投降信。

"送信的信使到达农舍时,"格兰特写道,"我的头还疼得很厉害,可是一看到信的内容,我立刻就好了。"

激烈的情绪反应可能引发的危害,并不局限于精神,还会体现在身体上。O.F. 戈伯医生曾说:"假如来看病的人能够抛弃过度的情绪问题,那么他们当中至少有70%的人不用医治就能够痊愈。"

有研究发现,80%的患者,在胃病发生时并无生理原因,而是精神上的过度恐惧、焦虑、憎恶,以及不能面对现实生活中的压力。除此之外,情绪还会影响人们的个性发展,影响人们对自我的认识和评价,阻碍正常的思考和学习。长此以往,会造成性格古怪,不善与人交际,形成自卑心理等。

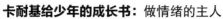

如何舒缓激烈的情绪反应？

1 为心理雷区排雷。

在人的成长过程中，时常会发生一些让人不愉快或者受创伤的事件，给人带来痛苦或者耻辱的记忆。当有人提及或发生一些事触碰到那些记忆时，无疑像引爆了地雷，容易引发人们激烈的情绪反应。因此，可以通过心理探索检测出心理雷区，坦然面对过去，或者提前预防，避免踩雷。排雷之后，能很大程度避免出现过激的情绪反应。

假如陈思因为曾经被爸爸在公众场合责骂过，因此害怕在大家面前表现，他该怎么处理呢？

2 为自己准备"情绪急救箱"。

很多人家里都会备一个急救箱，受伤或生病时，可以从里面找创可贴和药品。其实在情绪出现过激反应时，我们也可以有自己的"情绪急救箱"。如过往的人生经验中，那些美好的体验，正面的感受，愉快的心情……试着把这些写下来，将它们分门别类放入你的"情绪急救箱"。在出现激烈的情绪反应时，从中拿出对症的"药"，安抚自己的情绪。

设想一下，当小灰笑话陈思的普通话不标准时，陈思沉浸在巨大的痛苦中，他该如何调控自己的情绪？

③ 及时检查身体状况。

如果经常产生激烈的情绪反应，并且危害到了身心健康，我们应该及时前往医院，结合身体的相关检查，排除身体疾病的原因。医生给出确定的诊断后，再根据治疗方案加以调整。比如当存在抑郁情绪问题时，要及时去医院就诊，积极配合治疗，并进行情绪调节，以达到舒缓不良情绪的目的。

假设陈思因为过度紧张、担忧导致肚子疼，面对苗老师的问题，他该怎么回答？

2. 过度压抑情绪容易自我封闭

情绪问题知多少

我是嘉美，读小学五年级。我虽然学习很用功，可是成绩却很一般。为此我的爸爸妈妈经常唠叨我，指责我，还将我和隔壁家的小姐姐做比较，说她的成绩好，性格也好，比我强多了。他们说这种话的时候我真的很委屈，很伤心，可又不敢反驳，怕惹爸爸妈妈生气。慢慢地，我不爱笑了，也不爱说话了，可能我真的很差吧！

案例时间

在19世纪那些伟大的画家中，凡·高是最著名的画家之一。虽然他去世11年后才得以蜚声世界，作品也卖到了8250万美元的天价，但他生前却长期生活在压抑的情绪中，并抑郁而终。

1853年，凡·高出生于荷兰南部。凡·高的祖父和父亲都是牧师，他从小生活在封闭、冷漠的家庭环境中。在这种环境下成长，凡·高越来越郁郁寡欢，他渐渐将自己封闭起来，性格孤僻的他无法适应学校生活，也丧失了正常社交的能力。

十几岁时，凡·高有了作画的冲动，只是这个念头，遭到了家人的扼杀。直到27岁时，凡·高才拿起了画笔。

生活的潦倒，命运的不公，压抑的生活，让凡·高沉浸在绘画中，他不停地画，即使在雨中也不停笔，实际上，当时他已经患有很严重的抑郁症了。

在给弟弟的信中，凡·高写道："我不是一个怪人，的确，我常常衣冠不整，样子很寒酸。有人说我的性格坏透了，无端地猜疑我，我不知道该怎么办。"

由于精神负担过重，1890年7月，年仅37岁的凡·高与世长辞。

很多时候，我们之所以会压抑自己的情绪，是因为觉得自己不可以表达。比如小时候，有人抢走了你的玩具，你觉得委屈，父母却告诉你："你要懂事，要让着点别人。"于是你便觉得这种委屈是不对的，不应该表达出来。

实际上，当我们一而再再而三地压抑不良情绪，认为它们不该出现的时候，就是对自我的一种否定。如果负面情绪长期得不到有效疏解，一直被强行压抑，我们就会封闭真实的自己，变得郁郁寡欢。与人相处不能一味考虑别人、压抑自己，而是要学会合理表达，不要把情绪当敌人，而要与情绪友好相处。

如何合理释放情绪？

① 先和自己的内心建立沟通。

有时候我们怕表达不良情绪会伤害他人，干脆就压抑自己的情绪，但其实我们内心的感受更重要。在习惯性地压抑自己的情绪时，不妨和自己的内心进行沟通，即问自己是否真的不计较？是否真的不会难受？是否真的会影响到周围的人？如果答案是否定的，就要试着把事情解决，或把情绪表达出来。

设想一下，爸爸妈妈又因为嘉美成绩不好责骂她，她感到很委屈，该怎么办呢？

2 在合适的时间、地点，合理表达情绪。

与人相处，不能只是表达良性情绪，不良情绪的表达同样重要，这会直接影响我们的生活和学习。如果和他人有矛盾，或别人伤害到自己时，要想解开心结，就需要将不良情绪适时、适地表达出来。选择对的时间、对的地点、对的方式能让别人感受到自己的诚意，有利于对方更好地领会自己表达的意思。

如果嘉美的妈妈在别人面前批评她，嘉美很生气，她想和妈妈好好谈一谈，该怎么做？

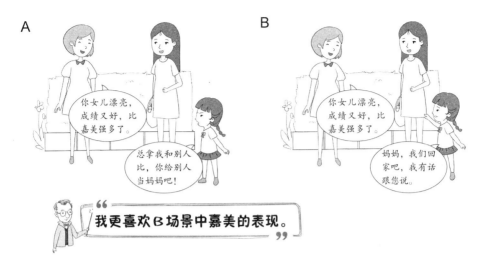

3 学会正确释放和排解情绪。

当不良情绪没有合适的机会对他人表达的时候，我们可以合理地释放、排解情绪。释放情绪的目的是倾倒积累过多的"情绪垃圾"，避免影响身心健康。释放情绪的方式很多，如大喊、痛哭等，也可以通过运动、吃东西、看书等途径排解情绪。

假如嘉美很努力，成绩仍然没有进步，她压力很大。面对成绩优异的欣欣提出的邀请。嘉美该怎么做？

3. 认清正面情绪的强大作用

情绪问题知多少

我是苗老师,自从学校设立心理辅导室和心理健康教育课后,我接触了很多受到情绪困扰的学生,有的是不会控制情绪,有的是深陷在痛苦的回忆里,还有的是非常自卑。在学校组织的心理健康教育课上,我想多向大家传达正面情绪的强大作用,帮助大家多用正面情绪面对生活和学习。

棒球王贝比·鲁斯曾打出714记本垒打,是历史上最卓越的棒球选手之一。

随着年龄越来越大,鲁斯已不再像年轻时那般身手敏捷了。在他即将结束棒球职业生涯的一场比赛中,由于他一再失误,单单一局就让对方连下5城。这场比赛,鲁斯已经连续被三振两次了,他似乎要带着耻辱退役了。

球赛已进入最后一局的下半局,鲁斯就要第三度上场。当他举步维艰地迈向打击区时,观众席中爆发出一阵阵叫嚣声、奚落声,以及嘲笑的嘘声。

此时,鲁斯已没有信心再打下去了,他缓缓地走回休息区,要求教练换别人打。

就在这时,一个男孩费力地跃过栏杆,他泪流满面地展开双臂,抱住了心中的英雄鲁斯，给他加油。鲁斯亲切地抱起男孩，许久才放下，然后轻轻地拍了拍他的头。

这之后，鲁斯又缓缓地走回球场，此时的球场鸦雀无声。接着，鲁斯就击出了一记漂亮的本垒打，为他的棒球职业生涯画上了完美的句号。

可能小男孩和鲁斯都想不到，一个拥抱可以传递这么强大的情绪力量，发挥这么大的作用。

正面情绪指人的积极情绪，包括开心、乐观、自信等。与负面情绪相比，正面情绪更有益于我们的生活和学习。临床医学研究显示：当患者情绪高涨或对治疗充满信心时，常可使病情好转或趋于稳定；当患者对治疗失去信心或情绪剧烈波动时，病情极易恶化。

正面情绪不仅有益于我们自身，还有益于他人。如果我们能够时常保持积极的情绪，就是在向别人传达积极的信号。因为情绪具有感染力，保持积极的情绪并把它传递给别人，通过一个眼神、微笑或者简单的动作，就能让人感受到积极向上的力量，是增强自我影响力的重要途径。

如何提升自己的正面情绪？

1 树立正面的信念和人生观。

树立正面的信念和人生观完全是出于个人的意志，因此，要明确关注自己的内心，在内心世界和外在表现中，多透露出自己的信念。比如当你大部分时间相信的是"这个世界很棒""我周围的人对我很好""我是一个好人,我身边发生的大多都是好事",等等,那你身边的大部分人都会是你喜欢的,你也经常会处于正面情绪之中。

设想一下,陈思过于担心老师同学不喜欢自己,面对苗老师的开导,他该怎么回答?

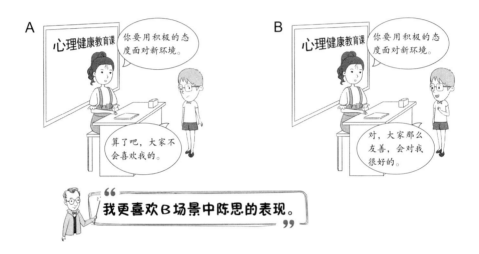

2 做自己喜欢的事情。

被动地重复做自己不喜欢的事情的人,日常会充满了烦闷、忧虑、疲劳等情绪,这些情绪会消耗人的精力,让人一身疲惫,常常挂在嘴边的就是"心好累""我太难了"。反之,能做自己喜欢的事情的人会更快乐,而忧虑和疲劳会更少。因此,可以多从自己的兴趣爱好入手,多做自己喜欢的事情,保持快乐的心情。

如果阿满喜欢打乒乓球,但因为想和别人一起玩,便强迫自己和大豪他们去踢足球。由于不喜欢踢足球,阿满也打不起精神,他该怎么调整?

第二章 | 聪明的人，与情绪为友

3 学着关心和帮助他人。

关心和帮助他人，可以更好地体现自我价值，获得他人的尊重和赞许，也能满足自我实现的需要。因此，永远不要错过帮助和鼓励别人的机会。如果身边的人需要帮助，不妨用一种积极的态度，多关心别人的需要。这样不仅会让自己感受到开心和满足，也有利于收获弥足珍贵的友谊。

大豪脾气不好，每次同学找他帮忙的时候，他都很不耐烦地拒绝。听了苗老师的建议后，他该怎么做？

4. 三步走，让情绪听你的

情绪问题知多少

我是五年级的欣欣，和嘉美是同班同学，也是好朋友。我特别在意我身边的人的感受，非常害怕惹朋友不开心，更害怕伤害到别人。说实话，虽然我自己没什么烦心事，但是一看到身边的朋友情绪不好，我的情绪也会变差，还会经常觉得内疚。仿佛我的情绪不由我自己控制似的，怎么才能改变这种情况呢？

案例时间

高斯是德国数学家、天文学家和物理学家，他和牛顿、阿基米德并列为"世界三大数学家"。

高斯一生硕果累累，其中非常重要的一个原因，就是他非常注重调控自己的情绪。在高斯事业发展的顶峰时期，次子路易斯出生了，此后，他被告知妻子将不久于世。高斯用理智抑制悲伤，化悲痛为力量，以加倍的努力工作来驱散情绪上的阴影。

最终，在生完孩子 31 天后，妻子去世了。而在与妻子告别后，高斯又攻克了一个难关。

并非高斯对妻子的病逝漠不关心，恰恰相反，妻子的去世给高斯带来了很大的打击。但是高斯倔强地不把内心的痛苦向任何人表露，高斯去世后，人们才在整理高斯的手稿时发现，这位天才数学家当时的心里是多么苦闷。

高斯的孙子曾在高斯的书堆中找到了他哀悼亡妻的泪痕斑斑的信，信中他诉说：本来以为亡妻是他永远的伴侣，没想到她一下子就走了。

高斯能够调控自己的情绪，让自己避免过于沉浸在悲伤中，这种对情绪的有力掌控，是他能够取得突出成就的重要原因之一。

卡耐基如是说

生活中，有些人很容易受外界影响，不仅控制不住自己的情绪，还容易被别人的情绪左右。情绪就像是我们思想和行动的操作系统，做不好情绪管理，会严重影响自身能力和实力的发挥。

我们该如何管理我们的情绪？第一步，控制自己的情绪；第二步，不受他人情绪影响；第三步，帮助他人调控情绪。也就是说，当和别人相处时，要坚持自己的原则，不要轻易被别人的情绪影响，才能更好地控制自己的情绪。当然，如果能站在他人的角度，理解安抚他人的情绪，那将收获如鱼得水的人际关系。

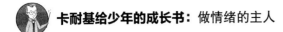

管理情绪有哪三个步骤?

1 控制自己的情绪。

想避免成为情绪的奴隶、学会控制自己的情绪,就要先锻炼自己对情绪的觉察能力,这是情绪控制的开关。如果我们能够第一时间觉察到内心的变化,然后及时调整自己的想法、心态,我们就能够做到不动声色地将情绪消灭于萌芽状态。因此,可以试着多留意内心的情绪变化,要学会克制忍耐,必要的时候合理释放。

欣欣因为没有办法帮嘉美复习功课,一整天都陷入内疚中,她该怎么自我调控情绪?

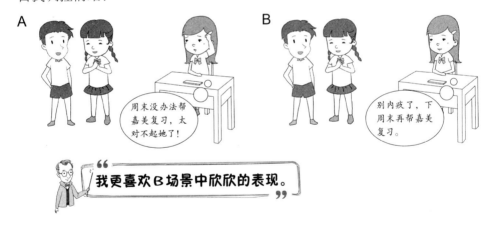

2 不受他人情绪影响。

人无法在社会环境中独自存在,总会受到身边环境的影响。这时候,修炼强大的内心、不受他人情绪影响,就显得尤为重要。要想做到这一点,就要具备良好的心态,对人对事耐心宽容。接纳别人的情绪,制定自己的原则,不让自己的情绪跟着别人和环境随波逐流。

嘉美因为考试考砸了,一直闷闷不乐,欣欣看在眼里也非常难过,她该怎么做呢?

3 帮助他人调控情绪。

当别人生气的时候,你不生气,而且还懂得怎么让别人消气,这就很难得了。做到这一点,说明你已经具备很强的情绪控制力和人际协调能力,能在人际关系中左右逢源。要想帮助他人调控情绪,最重要的是拥有同理心,学会站在他人的角度想问题,能够理解安抚他人的情绪,再投其所好,这样别人才会接受你的影响。

嘉美误会欣欣故意不帮自己复习,生她的气了,欣欣该怎么解释?

第三章 忧虑，走远点

1. 见招拆招，揭开"烦恼"的面纱

情绪问题知多少

我是小灰，前天我把爸爸的手表拆开来研究，但安回去后手表却坏了。恰好老师要让我们叫家长去学校开家长会，而我上次考试的成绩又不好。这些事该怎么开口跟爸爸说呢？他会很生气吧？会不会狠狠揍我一顿？他会不会不去参加家长会了？我担忧得饭也吃不下了，该怎么办呢？

案例时间

加林·利奇菲尔德是卡耐基认识很多年的朋友。有一天，他到卡耐基家里做客，向卡耐基讲述了一段往事：

1941年12月，日本偷袭珍珠港后不久，又占领了上海等地的外国租界。加林·利奇菲尔德当时是亚洲人寿保险公司驻上海的经理，日本人派来一个"军队清算人"，命令他协助清算资产。当时利奇菲尔德不得不按日本人的命令行事，但他故意漏报了一笔价值75万美元的保险费。

这件事情被日本军官发现了，他勃然大怒，跺着脚大骂利奇菲尔德是小偷和叛徒，说他违抗了日军。利奇菲尔德很担心自己被扔进酷刑室，曾有很多人在那里被折磨致死。

"我该怎么办？"利奇菲尔德胆战心惊，但他有个习惯，每当陷入忧虑的时候，他总会用打字机打出问题和相关的答案：

1.我在担心什么？

我担心明天一早会被扔进酷刑室。

2.我能做些什么？

a.我可以向那个日本军官解释缘由，但很可能会再次激怒他。

b.我可以试着逃跑，但他们一直监视我的行踪。

c.我可以躲在房间里，不回公司，但这样会更加引起怀疑。

d.我可以周一早上照常上班。有可能日本军官太忙，没空纠缠我的事情。

一考虑清楚，利奇菲尔德就立即决定采取第四个方案。而事实上日本军官也确实没顾上追究他的责任。利奇菲尔德就这样救了自己一命。

如果人们对问题的思考超过一定限度，就会引发困惑和忧虑。到某个时间点，多思考反而变得有害。到那个时候，我们必须做决定、采取行动，并且不加犹豫。

赫伯特·E.霍克斯先生曾在哥伦比亚大学做了22年院长，他说过："世界上有一半的烦恼，都是源于人们尚未充分了解问题就试图做出决定。"为了应对不同的忧虑，亚里士多德曾传授给世人三个步骤：①查清忧虑的真相；②分析真相并提出解决步骤；③做出决断后立即付诸行动。

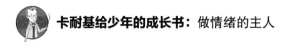

其中了解忧虑的真相非常重要,不了解事实,我们就只能困惑地原地打转。困惑是忧虑的主要成因。如果人们把时间用于弄清客观事实,并尽力尝试解决,那么忧虑将在知识之光的照射下烟消云散。

如何分析并解决烦恼?

1. 了解忧虑的真相。

忧虑的时候,我们的情绪会占据上风。比如你给某人发了一条信息,对方迟迟没有回复。一个过度担忧的人就会开始想:是不是他不想理我了?是不是我得罪这个人了……越想心情越糟。但这些忧虑其实都来源于猜测,并无事实依据。或许对方只是在忙,而没有看到消息。因此,当我们遇到问题时,首先要做的就是了解忧虑的真相。

弄坏了手表,考砸了……小灰担忧的事情有很多,但他忧虑的真相是什么呢?

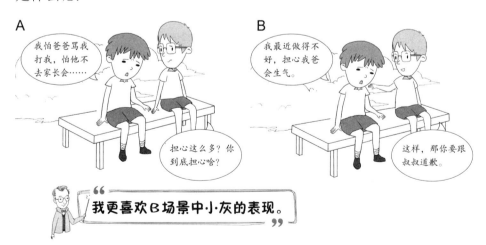

2 提出解决问题的步骤。

明白忧虑的真相后,还要列出有效、具体的解决方法,直指问题核心。这个步骤即明白要做些什么,我们可以根据曾经解决过的类似问题,类推出相似的解决方法。或者根据实际解决问题的效果,按照效果的好坏顺序,列出所有能够有效解决问题的方法,将其写在纸上,进而冷静地加以判断,选择出最有效的解决方法。

当小灰明白自己担心的是爸爸生气后,他该怎么解决?

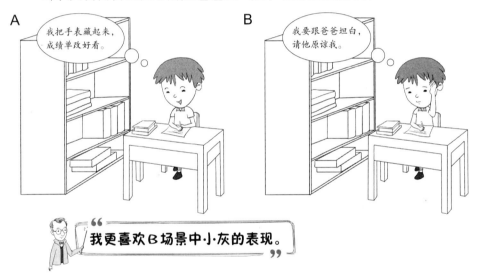

我更喜欢B场景中小灰的表现。

3 按照决策执行。

美国心理学之父威廉·詹姆斯曾经说过:"一旦做出决定并且把执行提上日程,就把其他职责抛到一边,也不要在意结果。"就是说,一旦你已经提出了解决问题的方法,并做出了谨慎的决定,就要立即采取行动,不要再踌躇不定、左思右想。要专注地将决策付诸实践,不要为结果担忧。

假设小灰已经决定跟爸爸坦白了,他的正确做法该是什么?

2. 过度忧虑的危害

我是陈思，我们班最近开设了一个"阅读角"，放了很多有趣的课外书。老师让我们以小组为单位，每周讨论阅读心得，并在语文课上发言讨论。这周轮到我在课堂上发言，我特别担心自己说不好，把小组的努力成果搞砸了，又害怕我太紧张讲错了。没想到我的担心成了真，到我发言时，我结结巴巴说不出话，闹了个大笑话！

案例时间

卡耐基曾经采访过好莱坞影星默尔·奥伯伦,她告诉卡耐基,她从不忧虑,因为她知道忧虑将摧毁她在电影行业的本钱——她的美丽容貌。

"我一开始在电影行业闯荡的时候,我很担心,也很害怕。那时候我刚从印度来到伦敦,在伦敦一个熟人也没有。我去见了几位制片人,没有一个人愿意雇用我。我仅有的一点积蓄眼看着就要用完了。有两个星期,我只能靠一些饼干和水勉强充饥,除了整天忧心忡忡,我还饿着肚子。

"我走到镜子前端详自己,突然发现忧虑改变了我的容貌。忧愁爬满脸颊,形成皱纹,这是一张布满焦虑的脸。我对自己说:'你还不立即停止忧虑吗?你根本没资格忧虑。你唯一的本钱就是你的外表了,而忧虑会摧毁它。'"

没有什么能比得上忧虑对人的杀伤力,它能让人迅速衰老,变得刻薄,甚至使我们咬牙切齿、皱纹密布。忧虑让人们愁眉苦脸,能染白了头发,会破坏生理平衡,甚至形成疱疹、皮炎等皮肤症状。

卡耐基如是说

很多人都曾感受过忧虑,但过度的忧虑会夺走我们的快乐,会影响我们的生活和学习,甚至会让我们痛苦、失眠,身体出现亚健康,乃至患上抑郁症。如果我们一直陷入忧虑,慢慢地就会出现神经系统紊乱和失常,表现为心力交瘁、信心丧失、情感麻木等,会带来很多的危害,不仅影响我们的身体健康,还会影响我们的大脑。

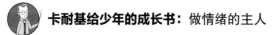

你热爱生活吗？你想健康快乐吗？秘诀就是亚历克西·卡雷尔医生的一句名言："置身于现代化城市的喧嚣之中，只有内心平静的人们才能对神经疾病免疫。"

如何避免过度忧虑？

 用忙碌赶走忧虑。

保持忙碌，在忙碌中忘记自我，才能避免在忧虑中绝望。当你遭遇严重的烦恼时，可以尝试"忙碌疗法"，试着让自己忙碌起来，也就没有时间去担心任何事。因为我们不可能一边热情洋溢地做一件令人兴奋的事，一边又因忧虑而感到沮丧。两者是无法同时发生的。

如果陈思不想一直沉浸在害怕发言出错的忧虑中，他可以怎么办呢？

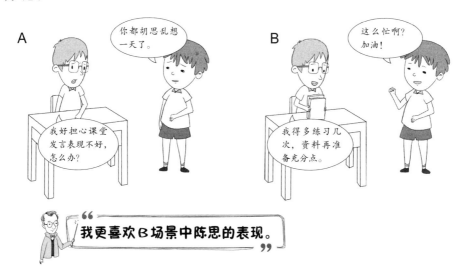

2 不为琐事过分烦恼。

很多时候,我们为讨厌的小事心烦意乱,是因为我们夸大了这些事的重要性。人生中的光阴非常宝贵,我们不应把时间浪费于生活琐事,而且很可能这些琐事过段时间就忘记了。所以,不妨把精力投入更有价值的行动中去,制定长远、更有意义的人生目标,并为之奋斗。

假如陈思在课堂发言中结结巴巴,班上一些同学哄笑起来,这在陈思脑海中一直挥之不去,他该怎么自我调节?

3 想象和接受最坏的结果。

遇到让你忧虑的问题时,先理性分析局面,找出可能发生的最坏结果。得到这个最坏结果后,试着在心里接受它。一旦你想出了最坏情况并调整心态接受它,你会立刻如释重负,因为接受了最坏情况,也就再没有什么可失去的了,这意味着情况只会更好。接下来,需要我们做的便是冷静地着手改善最坏的情况,集中精力解决问题。

假设即将再次轮到陈思课堂发言时,陈思还是很担忧,他可以怎样调整自己的心态?

3. 无法避免的事，试着接受吧

情绪问题知多少

我是嘉美，上星期妈妈突然跟我说，没时间接送我上学了，要我自己坐公交车上下学。我的朋友都有家人接送，怎么要让我自己坐车呢？而且我挺担心在公交车上会遇到奇奇怪怪的人，还有，公交车会不会堵车啊？真想妈妈能继续接送我，可是妈妈说这件事就这么定了，我该怎么办？我接受不了这件事啊！

美国小说家布思·塔金顿在世的时候常说:"我可以忍受生活中的一切境况,失明除外。只有这件事我忍受不了。"

可是当他年过六旬时,他发现自己开始看不清地毯的图案,只能看到一片模糊的颜色。医生告诉他,他的视力正在下降,甚至即将失明。

对于这巨大的不幸,塔金顿做何反应呢?他是否感到"完了,我的人生彻底完了"?不,连他自己也感到意外的是,他竟然能从容地面对这一切。眼疾导致的飞斑困扰着他,这些浮动的斑点阻碍了他的视线,但是塔金顿却以幽默应对,他会说:"瞧!这个家伙又来啦,不知道这么美妙的早晨,你要飞去哪儿啊?"

不幸的命运能击败这样一个灵魂吗?当然不能。完全失明后,塔金顿说:"我意识到我能够承受失明的痛苦,正如人能够承受任何状况。即使失去了五感,我也能够依靠内心的力量活下去。"

这段经历教会他接受现实,告诉他,生活带来的任何遭遇都不会超出人们的承受力。

约翰·弥尔顿曾说过:"悲惨的不是失明,而是没有能力承受失明。"境遇本身并不能决定我们是否快乐,是我们对境遇的反应决定了我们的感受。就算我们对无法避免的境遇抱怨、怨恨,也无法改变既定事实,唯一能改变的是我们自己。

试着承受必经之事吧。没有人有足够的精力和情感,能一边纠缠于无法改变的事,一边去开创美好的新生活。两者不可并存,非此即彼,面对人生无法避免的事,要么顺势而为,要么两败俱伤。如果我们能学会接受,就能够走得更远,人生旅途也会更加美好。

如何接受无法避免之事?

1. 放宽心态,保持乐观。

乐观是心胸豁达的表现。对于无法避免的事,不妨从多方面去思考问题,开解自己。不去斤斤计较,也不要给自己太多负担、太多压力。保持豁达的心态,才可以不让自己活得太累,也许过一段时间,再回望曾经发生的事,会发现并不值得我们为之伤心难过,只是我们的心态在作祟。

如果坐公交车上下学这件事是不可改变的,嘉美如何调适自己更好呢?

2 不逃避，勇敢面对。

逃避意味着太过在意、不敢正视。我们没有必要将某件无法更改的事锁在自己心里，长久下去，只会变成心里的一个疙瘩，不能碰，又忘不掉。不如勇敢面对，既然已经无法避免，不如正视它，奋力前行。只有做到能直接面对，才会有接受事实、步入生活正轨的可能。

如果放学后，欣欣问嘉美怎么没人来接，嘉美应该怎么回答？

3 把握机会，理智对待。

接受无法避免的事，不代表要向灾难低头，否则就陷入宿命论了，我们是要根据具体情况理智判断和对待。只要在不好的境遇中发现一丝可能逆转局势的机会，我们都要把握住，努力争取。但是如果事情确实已成定局，就要接受，不再自怨自艾、沉浸其中。

假如嘉美错过了一趟公交车，再等下一趟肯定要迟到了，但嘉美觉得坐出租车应该还来得及，她该怎么做？

4. 不杞人忧天，和小概率事件和平相处

情绪问题知多少

我是陈思，最近我的脑海里总是充满了各式各样的担心，比如老师说别的学校有不法分子出没，我就害怕得不敢去上学，怕遇到坏人；下雨天电闪雷鸣，我总害怕自己会被雷电击中；去亲戚家里，我又担心他们会问我的成绩，并且笑话我……每天我就琢磨着这些问题，深陷在忧虑中，我该怎么从中解脱出来呢？

第三章 | 忧虑，走远点

詹姆·格兰特是格兰特批发公司的老板，每次他要从佛罗里达州买10～15车橘子、葡萄柚等水果。

他告诉卡耐基，他以前常常会有这样的想法：万一货车出事怎么办？车上的水果会不会滚得满地都是？车子过桥的时候桥会不会塌？如果没有如期把水果送到，就可能会丢掉市场份额……

过度忧虑使他得了胃溃疡，他去找医生看病，医生告诉他说，他没有别的毛病，只是思虑过甚。

"这时候我才明白，"他说，"我对自己说：'詹姆·格兰特，过去这么多年你批发过多少水果？'答案是，大概有25000多车。然后我问自己：'这么多车里出过几次车祸？'答案是，大概5次吧。25000多次中的5次，这意味着货车出事的概率只有五千分之一！那还担心什么呢？接着我对自己说：'嗯，可是桥说不定会塌下来啊。'我又问我自己：'在过去，你有多少车水果是因为塌桥而损失了呢？'答案是，一车也没有。于是我对我自己说：'那你为了根本没塌过的桥，为了五千分之一的货车失事概率而让自己忧愁成疾，不是太傻了吗？'"

詹姆·格兰特告诉卡耐基，他当即决定，以后让概率来替他担忧。从那以后，胃溃疡再也没困扰过他。

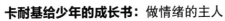卡耐基给少年的成长书：做情绪的主人

许多人的忧虑是非常滑稽的，如果我们能暂时把忧虑放在一旁，冷静地想一想，90%的担忧的事情发生的概率极低。你会发现，你的苦恼与哀愁几乎全部源自想象，而非现实。

阿尔·史密斯担任纽约市长的时候，面对政敌的攻击，他总是会说："让我们查查记录……让我们查一查……"然后随即给出事实数据。下一次再为有可能发生的事情担忧的时候，让我们学学阿尔·史密斯的小窍门，想一想事情发生的概率，看看我们的焦虑有多少根据。

在忧虑击垮你之前，先击垮忧虑吧！

怎样摆脱对小概率事件的忧虑？

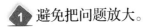 避免把问题放大。

越是烦恼的时候，越应该静下心来，放松心情，去看事情真实的样子。如果一味地把问题放大，将发生概率很小的事情夸张化，就会让自己陷入忧虑中，等于自己吓唬自己。所以，理性地看待问题非常重要，明白事情并没有想象的那么严重之后，自然会摆脱担忧，减少自己无谓的烦恼。

陈思一直担心走亲戚时会被笑话，对这种"可能"事件他怎么应对更好呢？

2 转移注意力。

人们在埋头做某件事的时候,基本都能做到"在忙碌中忘记自我"。我们不可能一边热情洋溢地做一件事,一边因忧虑而感到沮丧,二者无法同时发生,一种情绪会赶走另一种。所以,不管是认真学习也好,放松娱乐也好,大可以让自己忙碌起来,忙到完全没时间担心不太可能发生的事情。

下雨天陈思撑着伞走在路上,天空中电闪雷鸣,陈思怎么调适才能克服自己怕被雷击的恐惧?

卡耐基给少年的成长书：做情绪的主人

3 为忧虑设置止损线。

把宝贵的生命过多浪费在某一件事情上是愚蠢的。如果一个人有足够的判断力，懂得及时止损，他会告诉自己："画下止损线，停止浪费生命吧，是说'够了'的时候了！"如果一直为某一小概率事件而烦恼，不懂得止损，那么他只会付出高昂的代价——自己内心的平静。

如果陈思因为听说别的学校有坏人出没，害怕得不敢去上学，他该怎么调整心态停止过度忧虑？

5. 不纠过往，不惧未来，现在就刚刚好

情绪问题知多少

我是欣欣，我比较敏感，特别在乎别人的感受。有时候说话伤害到别

人，我会内疚很久很久，总想着当时应该不那样说话，应该换成别的说法；有时候我又担心我的好朋友未来某一天会被我深深伤害，会离开我……这样纠结着过去的事，担忧着将来的事，我自己都混乱了，我应该怎么和朋友们相处呢？

十几岁的桑德斯经常为很多事情发愁。他整天愁眉苦脸，对所犯的错误自责。每次交完试卷以后，他都睡不着觉，担心考试通不过。对那些已经发生的事，他总是反复琢磨，希望能重新来过。

一天早上，全班一起上科学实验室。桑德斯的老师布兰德·维恩先生站在讲台上，并把一瓶牛奶放在桌子边上。大家都坐了下来，望着那瓶牛奶，不知道它和这堂课有什么关系。过了一会儿，布兰德·维恩先生突然走过去，一巴掌把那瓶牛奶打翻在水槽里，同时大声说道："永远不要为打翻的牛奶哭泣！"

然后他叫所有的人都到水槽旁边，好好看看水槽里的碎片。"好好地看一看，"他对大家说，"我希望大家能一辈子牢牢记住这堂课，这瓶牛奶已经没有了，流光了，再怎么着急、抱怨也无法挽回了。如果可以提前做好预防，这瓶牛奶或许可以保住，可是现在已经太迟了，我们现在唯一能做的，就是把它忘掉，专心去做下一件事。"

桑德斯牢牢记住了这个道理，从此，他时刻保持警觉，不要打翻"牛奶"，但如果"牛奶"已经洒光，那就彻底忘记它。

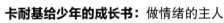

"不要为打翻的牛奶哭泣",这句话可能是老生常谈,但古老的箴言中却包含着人们验证过的大智慧。人们在做了错事之后会懊悔,这是正常的,但如果一直懊悔,不断地责备自己,就会使自己的心情处于沮丧状态,且无益于改变事情本身。

别为已经过去的昨天懊悔流泪,过去的无法重来;也别为未知的明天担忧不已,未来尚未可知。生命里最重要的时刻是当下,最重要的人是此刻在你身边的人,最重要的事就是当下你正在做的事。唯有把握好真实的现在,实实在在地去努力,才是眼前最重要的事。也只有改变现在,才能改变未来。

如何做到不纠过往,不惧未来?

 不试图改变过去。

对于几分钟前发生的事情,或许我们能够改变它的影响,却已经不能再改变事情本身了。我们会犯错误,会做荒唐事,但是那又如何呢?谁都会犯错,我们不能做到永远不犯错。过去无法重来,就让我们记住:把过去留在过去,不要试图改变过去。

设想一下,欣欣帮嘉美温习功课,却不小心说错话惹嘉美生气了,欣欣该怎么办?

第三章 | 忧虑，走远点

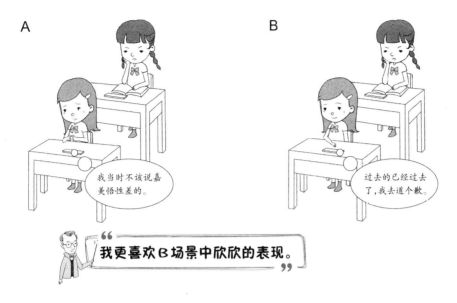

2 不过分担忧未来。

对于未来的事，我们总会有无数的担忧，会担心考试成绩不好、担心下雨、担心发生意外……其实不妨细想一下，我们每天都会处于各种担心中，但最后这些事情真的发生的有多少呢？很多时候，我们的担心只是自我困扰罢了。而且，即便你所担心的事情真发生了，你不得不硬着头皮去做，最后你可能会发现，事情也不过如此，并没有想象中那么可怕。

对于和嘉美之间的友谊的未来，欣欣应该保持什么样的心态？

卡耐基给少年的成长书：做情绪的主人

3 把当下的事情做好。

"昨天"是过去时，已经无法更改；"明天"仅是"可能存在"的，尚且遥不可及。过去已经发生的事，我们无能为力。而对于未来，它还没有发生，我们对于它的一切不过是想象。因此，只有当下这一刻，才是最真实的，也只有抓住此时此刻，才算是抓住了自身最宝贵的财富。

如果欣欣不想让自己总是纠结过往、畏惧将来，她可以怎样做？

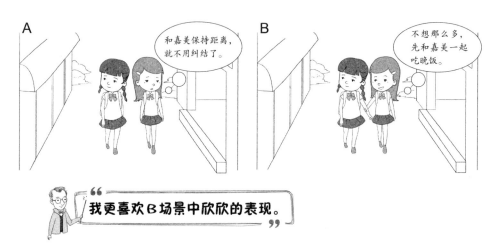

第四章 都是愤怒惹的祸

1. 你的愤怒从何而来

我是大豪,期中考试刚结束没多久,我却经常和同学、老师闹矛盾,甚至还和他们吵架,已经到了葛老师让我叫家长的程度了。我也不知道为什么,总是对很多事感到愤怒,这也看不惯,那也忍不了,和别人吵完架又立马觉得很后悔。我都不知道我哪里来的这么多愤怒的情绪,要是能避免该有多好啊!

卡耐基曾在得克萨斯州遇到过一个怒气冲冲的商人。让他感到愤怒的那件事发生在十一个月前,可是直到现在,他的火气还是大得不得了,以至于从早到晚他都在讲那件事。

事情是这样的:圣诞节时,他发给34名员工一共一万美元,作为节日

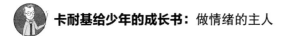

奖金，每名员工约合300美元。但是却没有一个人对他表示感谢。这位商人愤怒地抱怨说："我实在很后悔，我应该一分钱都不给他们的。"

卡耐基非常同情他，这位商人已经年近六旬了，根据人寿保险公司的计算方法，我们的平均剩余寿命约为八十岁与目前年龄差的三分之二。如果这位商人的运气好的话，他也许还有十四五年的寿命，可是他却在所剩无几的人生中浪费了几乎一年的时间，为一件早已过去的事情大动肝火。

卡耐基认为，这位商人没有得到他期望收获的感激，因此而感到非常愤怒，这本身就是自寻烦恼。人性与生俱来，不要奢求别人事事达到自己的期望值，偶尔别人做的让自己满意，是额外的惊喜；如果没有达到自己的预期，也不应为此愤恨不已。

卡耐基如是说

老话说得好，傻瓜不会愤怒，而聪明人拒绝愤怒。实际上，愤怒是人类普遍存在的一种情绪体验，在我们受到侵犯或威胁时，这种情绪对我们自身有一定的保护作用。但心理学家指出，愤怒只是情绪转移的连带效果，是由其他情绪引发的，如痛苦、失望、恐惧等。

对于大部分人来说，当被别人伤害和侵犯的时候，受到不公平对待或误解的时候，他人没有达到自己期望值的时候……这些时候感到愤怒是很自然的反应。我们需要弄清楚愤怒情绪产生的原因，并尽可能地从源头上避免产生愤怒。

第四章 | 都是愤怒惹的祸

对标产生的原因，正确规避愤怒。

1. 远离可能伤害自己的人。

"如果有人自私地占你便宜，就把他的名字从朋友名单上划掉，但不要想着报复。"当别人伤害了我们或使我们痛苦时，愤怒是一种自然的感受。事实上，当你满腔愤怒，或者一心想要报复的时候，对你自己造成的伤害反而更大。如果你被人欺骗、背叛、嘲讽，比起怒气冲冲地反击，不如想办法尽可能地远离他们。

期末考试成绩出来了，隔壁班的峰峰总是嘲笑大豪成绩差，大豪气坏了，他该怎么做？

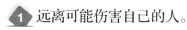

我更喜欢B场景中大豪的表现。

2. 避免对人对己太过苛刻。

苛刻的处世标准会让人变得易怒。有的人对他人、对自己有着过高的期望值，对社会要求绝对的公平，当事情不符合自己的高标准、严要求的时候，就会产生深深的挫败感和失望感，进而感到愤怒。如过生日好朋友

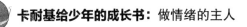

忘记送礼物会生气，考试没考好会生气，朋友不听自己的建议会生气……遇到这些情况不妨适当降低自己的期望值，避免因为失望而产生愤怒情绪。

大豪不让阿满和嘉美她们玩，但阿满没听他的，大豪应该怎么自我调适才能避免生气呢？

我更喜欢B场景中大豪的表现。

3 控制情绪，不选用暴力沟通。

有时候，人们为了树立自己的威信，表达自己的态度，会故意选择使用非常粗鲁的语言或者身体动作，来表达愤怒的情绪。事实上，生气、攻击和恐吓并不能帮我们赢得尊重，这种暴力沟通的手段反而会让别人疏远、厌恶你。真正的尊重和威信是要靠自己的努力和实力来换取的，而且即便是有人故意激怒我们，我们还是可以自主选择自己的态度。

大豪和隔壁班的峰峰吵架，大打出手，葛老师让大豪叫家长，不情愿的大豪应该怎么跟葛老师沟通呢？

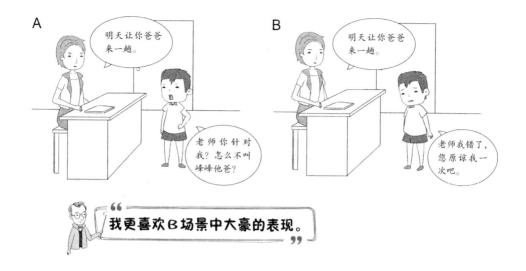

2. 愤怒的三种表现形式

情绪问题知多少

我是小灰,前两天植树节,学校组织四年级和五年级的学生一起去参加植树活动。大家到达公园后,五年级有个叫大豪的胖子,一直追着别人跑来跑去,居然把我和陈思刚种好的树撞倒了!我气坏了,当时就和大豪吵了起来,还把五年级刚种好的树推倒了好几棵。事后我挺后悔的,破坏了大家的劳动成果。我是不是应该忍着怒火、憋在心里呢?

在非洲,有一群自由而又强壮的斑马正在肆意地驰骋。过了一会儿,有几只蝙蝠出现了,有一只蝙蝠飞到了其中一匹斑马的腿上,这只蝙蝠用尖利的牙齿将它的皮肤咬破,并附在它的腿上开始吮吸血液。

当斑马猛然感觉到腿上很痛的时候,它扭过头看见自己的腿已经被蝙蝠咬出了血。斑马的性格非常暴躁,在看到自己身上流出的鲜红血液后,它便非常愤怒,疯狂地奔跑起来,并且不断地跳跃,希望用这种方法甩掉自己身上那只可恶的蝙蝠。但是,蝙蝠却一直死死地咬住斑马的腿,不肯松口。

在斑马奔跑跳跃的过程中,那只蝙蝠就一直在吸血,并且斑马的血也越流越多。终于,蝙蝠吸血吸饱了,心满意足地离开了。而那匹可怜的斑马,却因为过度激动,加速了全身血液的流动,最终在暴怒中因为失血过多而死去了。

动物学家们对这两种动物进行了研究,发现这种蝙蝠生性嗜血,它是草原斑马的天敌。但实际上,这种蝙蝠身躯极小,它所吸食的血液非常少。那点吸血量是根本不足以将斑马置于死地的。所以,真正让斑马走向死亡的,其实是它的暴怒。

通常情况下,人们错以为发怒能够让对方有罪恶感,从而感受到自己的情绪,进而能有效地控制对方的行为。愤怒通常表现为以下三种形式:

爆炸型的愤怒、间接攻击型的愤怒、隐忍型的愤怒。

爆炸型的愤怒就是公开、明显表示愤怒的方式，通常包含批评、指责、威胁、肢体攻击等。间接攻击型的愤怒是不与他人正面交锋，假装不介意对方的行为，但言语间却充斥着刻薄和冷嘲热讽。隐忍型的愤怒通常表现为一言不发地隐忍和承受，但事实上沉默和隐忍其实可以同样暴力。

如何应对不同形式的愤怒？

 爆炸型的愤怒。

容易发出爆炸型愤怒的人，给人"头脑发热"的印象。暴怒的人很难换位思考，因而可能说出事后难以弥补的话，做出让自己万分悔恨的举动，让事情越来越糟。对于这种类型的愤怒，最好的解决办法是等待怒气消散。研究表明，暴风雨般的愤怒持续时间往往不超过12秒钟，因此不妨深呼吸，默数10个数，将心中暴怒的火焰渐渐熄灭。

大豪撞倒了小灰刚种好的树，小灰很气愤，他该怎么做？

2 间接攻击型的愤怒。

有些人含蓄谨慎,不喜欢与他人正面交锋,但又不想默默独自忍受,于是就会采用间接的方法来宣泄情绪。比如,间接地攻击让自己愤怒的对象,外表上表现得好像不生气,但是却会微笑着冷嘲热讽,或者用刻薄的言辞和古怪的表情发泄情绪。

对于这种类型的愤怒,与其绞尽脑汁地讽刺人,不如找到合适的词语,直接表达你的真实想法。

陈思不小心弄脏了小灰的笔记本,小灰应该做何反应?

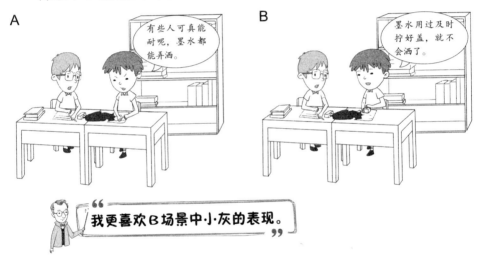

> "我更喜欢B场景中小灰的表现。"

3 隐忍型的愤怒。

有的人为了避免冲突,远离争吵,选择压抑内心的愤怒,尽管一团怒火在胸中燃烧,但依然笑脸迎人,不让怒气浮现在脸上。这种忍耐本意是好的,但是回避并不能彻底解决问题,而是将愤怒转向了内心。隐忍型的愤怒往往给自己和他人带来更多伤害,最好的解决方式是心平气和地与对方谈谈,并且提出富有建设性的解决方案。

植树节后,陈思总是指责小灰脾气太差,破坏了同学们的劳动成果,而小灰不想再吵架了,他该怎么和陈思沟通?

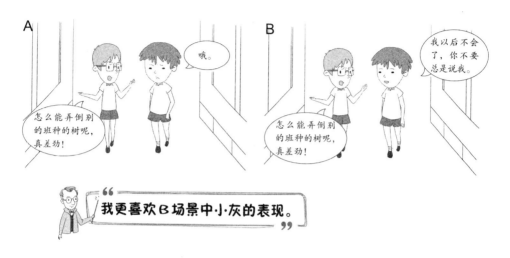

3. 和平相处,试试非暴力沟通

情绪问题知多少

我是嘉美,期中考试后,爸爸妈妈又开始对我施压。现在每天放学后,我都有数不清的作业和习题要做,想出去散散步都不行,更别提写我喜欢写的小说了。为了能有点自己的时间写小说,我和爸爸妈妈吵了无数次,上周末爸爸居然把我写小说的笔记本撕碎了,我到底该怎么说他们才能理解我内心的感受呢?

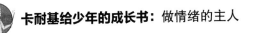

行政部的贝拉负责整理和准备文件,但她偶尔会犯错误。有一次,贝拉在打一份公司要与客户签订的合同时,出现了两个错别字。签订合同前,客户发现了这两个错别字,并要求公司主管改正。

主管觉得非常没面子,回去后便愤怒地将贝拉批评一通:"贝拉,这么重要的文件你都能打错字,你眼睛长到哪里去啦!能不能有一点责任心啊!你能做好什么事!简直是没救了!"

贝拉很生气,反驳说:"我的眼睛就是这么不好,我也没有一件事能做好,既然您这么认定了,就干脆把我炒鱿鱼算了。"

其实贝拉本身工作并没有大的问题,并且对公司事务非常有热情,主管的原意只是想提醒她以后一定要注意,但是在愤怒中口不择言,反而没有达到预期的效果。此后,主管和贝拉的关系越来越僵。

主管对贝拉"没有责任心""没救了"的评价是批评当事人,而不是针对事情本身来说的。假如主管这样说:"你这次打的合同很重要,客户没有签字要求重打,因为其中打错了两个字,公司领导在客户面前很丢脸。我希望你以后能更仔细认真一些,不要再出现这样的问题。"达到的效果将会好得多。

第四章 | 都是愤怒惹的祸

愤怒的背后实际上是我们尚未满足的需要。如果人们能够认识到我们有需要没有得到满足，并将这种需要转化为对别人的请求表达出来，那么人们将情意相通，和平相处，用非暴力取代暴力沟通。

有时候，也许我们并不认为自己说话的方式是"暴力"的，但我们的言语却时常引发自己和他人的痛苦。当我们察觉到自己处在愤怒和闹别扭的情绪中时，不妨把注意力拉回自己身上，遵循这样的步骤：观察刚才发生的事实→体会自己的感受和需要→表达并提出对他人的要求。这种非暴力的沟通并不是主张我们忽视或压抑愤怒，而是通过了解愤怒背后的需求，表达内心的渴望。

如何做到非暴力沟通？

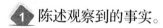 **陈述观察到的事实。**

首先，我们要仔细观察之前发生的事情，即让你感到愤怒的事情，并清楚、客观地说出观察结果。这种观察结果应该是纯粹的事实观察，而不要加入判断或评价的成分。人们经常不同意别人所做的评价，是因为每个人对事物的评价不同。例如，可以说"刚才课堂上，我听到你在听音乐"，而不是"你总是在课堂上听音乐，打扰别人"。

嘉美的爸爸撕毁了她写小说的笔记本，嘉美很气愤，她该怎么陈述这一事实？

卡耐基给少年的成长书：做情绪的主人

2 说出自己内心的感受和需要。

其次，要基于观察到的事实，表达出自己对这件事的体会和感受，从而使沟通更为顺畅。如"我看到你的狗跑来跑去，没有拴绳，一直吠叫（观察）。我很害怕（感受）"。感受源于我们自身的需要，如果我们用指责、批评来向别人传达期待，别人的反应常常是反击或驳斥；但如果我们选择直接说出自己的感受和需要，那么别人就有可能做出积极的回应。

设想一下，嘉美向爸爸陈述完事实，接下来该怎么表达内心的感受？

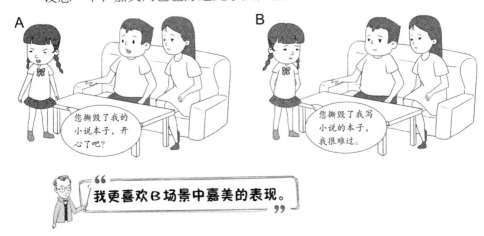

3 提出对他人的具体要求。

最后,我们要清楚地告诉对方,我们希望他们做什么。这时候要避免采用命令的态度、生硬的语言,而是要借助具体的描述,来提出清晰的要求或请求。一旦人们认为我们是在命令他们,或强迫他们,人们就会产生强烈的抵触情绪。但如果我们清楚地表达我们诚恳的态度,人们一般会相信,我们提出的是请求而非命令。

嘉美想让爸爸尊重自己的兴趣爱好,她怎么提出来更好呢?

4. 适当地发怒,可以帮你赢得尊重

我是阿满,我特别喜欢和同学们一起玩。可是最近我有点忍受不了,

原因是大豪总是控制我,不让我和其他人一起玩。上次我看嘉美和欣欣在看一本漫画,很感兴趣,跑过去和她们一起看,结果大豪说我整天和女孩一起玩,还骂我是"娘炮"。我特别愤怒,但是又怕吵起来大豪以后都不理我了,我到底该不该表达内心的情绪呢?

吉姆从地铁站打车回家。从地铁站到他家的距离并不远,但是太晚了很难等到车,所以吉姆打了一辆出租车。

吉姆上车后坐在前排,伸手去扣安全带。但坐在他旁边的司机用不耐烦的语气说:"不用系安全带,没多远,你看我不是都没系嘛。"

吉姆上班累了一天,虽然觉得司机的话让人很不舒服,但他并没有理会,继续系安全带。结果这辆车上的安全带太难系了,吉姆怎么也扣不进去,司机又不耐烦地开口了:"我都说了,不用系安全带。你这个人怎么这么固执呢!简直是个固执鬼!"

吉姆的愤怒情绪终于被点燃了,他很疲惫,同时又觉得被冒犯了,于是一字一顿地告诉司机:"每个人的安全意识不同,你认为距离短可以不系安全带。但在我的安全意识里,这很重要,是对自己负责的一种表现。希望你能对你的顾客表现出一些最基本的尊重。"

听了吉姆的话,司机愣住了,随后他的语气明显变软了,摆着手说:"好的好的,不好意思啊,我的脾气有点急。"

吉姆顿时觉得心里舒服多了,他没有选择忍气吞声,而是有理有节地表达了愤怒。最终让那位看起来有些不太礼貌的司机,对他表示了尊重。

我们不但不想承受别人的愤怒,也不愿表达自己的愤怒。其实,只要方法得当,愤怒是可以表达出来的。强烈地爆发情绪会给人"太情绪化"的印象,而一味隐忍可能会被贴上"真好欺负"的标签。学会适当表达愤怒,反而能赢得他人尊重,建立更健康的关系。

适当发怒有一个前提,那就是要把握好"度"。正确的方式应该是,在保证理智和克制的前提下,适当地表达愤怒之情。发怒其实也是一门艺术,适当地表达愤怒之情,可以让对方明确你的界限所在,从而帮你赢得对方的尊重。

如何适当地发怒?

 学会坚定地说"不"。

学习说"不",即让别人了解自己的心理边界和底线,而不是表现过于温和,不懂拒绝,让别人误以为你的底线很低。一味地忍让和放低底线,可能会让别人变本加厉,长驱直入,等到你意识到必须拒绝时,往往为时已晚。因此最重要的一点,就是要了解自己的边界和底线,当别人试图打破它们时,温和地拒绝自己不愿接受的要求,坚定地说"不",以一种"不怒自威"的态度,守住自己的边界和底线。

如果阿满忍受不了被别人控制,面对大豪的限制,他该怎么回应?

卡耐基给少年的成长书：做情绪的主人

2 不追溯过去。

很多人发怒时喜欢翻旧账，把之前无法释怀的事情拿出来重复，或是为了增加自己获胜的筹码。其实，这种行为对当下的问题毫无益处，只会增加双方的痛苦，又增加一个新的问题，还把过去所有的愤怒又重新体验一遍。因此，要想适当地发怒，赢得他人的尊重，在讨论问题时就要聚焦，说明眼下引起你不快和愤怒的事情，避免把过去的遗留问题都翻出来。

阿满和大豪因为借文具的事情吵起来了，大豪提起了过去的事，阿满应该怎么说？

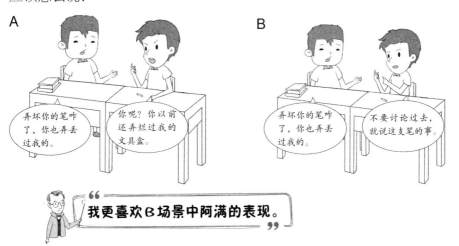

3 "温柔"地公开表达愤怒。

"温柔"的愤怒并不等于没有愤怒，也不等于克制愤怒。它是一个理智面对愤怒和表达愤怒的姿态，即通过合理的方式公开传达你的愤怒。

想要"温柔"地表达愤怒，你需要明确自己的感受和观点，避免加入过多的评论。你也可以进一步指出希望对方做出怎样的改变，并表现出自己"温柔"的态度。如冷静地告诉对方："讨论时最好别翻旧账，口气不要那么尖锐刻薄"等。

当大豪笑话阿满很"娘"的时候，阿满应该怎么表达自己的愤怒？

我更喜欢B场景中阿满的表现。

5. 试着原谅，别拿别人的错误惩罚自己

情绪问题知多少

我是大豪，自从上次植树节和那个四年级的小灰吵了一架后，最近总

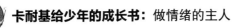

能碰到他。当时他的做法真的气坏我了,我是不小心撞歪了他们种的树,可是他怎么能故意推倒我们班同学栽的树呢?前两天小灰单独和我道歉了,说不该出于报复那么做,我没理他。这两天我越想这个事越生气,我该原谅小灰吗?

鲍布·胡佛是一位著名的试飞员,他经常在航空展览中表演飞行。一天,他在圣地亚哥航空展览表演结束后飞回洛杉矶。就像《飞行》杂志上描述的那样,在将近100米的空中他驾驶的飞机引擎突然熄灭!胡佛凭借高超的驾驶技术,紧急迫降,虽然昂贵的飞机被严重损坏,但所幸人未受伤。

安全着陆后,胡佛做的第一件事就是检查飞机的燃料。不出他所料,他所驾驶的老式螺旋桨飞机,里面加的居然是喷气机燃料而不是汽油!

回到机场后,胡佛要求立即见为他保养飞机的机械师。那位年轻的机械师已经知道自己加错了燃料,他正泪流满面。由于他的失职,不仅让造价昂贵的飞机严重损坏,还差点害得飞行员丧失生命。

他正准备承受胡佛的痛斥,但是,出人意料的是,胡佛并没有这样做。相反,胡佛走过去,搂住年轻的机械师的肩膀,对他说:"为了显示我相信你不会再犯同样的错误,我要请你明天继续保养我的飞机。"

胡佛能积极地原谅别人,是因为他懂得,揪着别人的错误不放,实则是在用愤怒和痛恨折磨自己。宽容他人是一种更为理想、效果更佳的批评方式。

也许我们还无法神圣到对敌人充满爱意,但是为了我们自身的健康与心灵的快乐,我们最好学会原谅他人,并忘记仇恨,这才是智者所为。人格成熟的重要标志是宽容、忍让、和善。当我们的心灵为自己选择了包容的时候,我们便获得了应有的自由。

要知道,世界上没有完美的人,每个人都有这样或那样的缺点、问题,也都会犯错。我们要学会包容和原谅别人的一些错误,这意味着我们不再拿别人的错误惩罚自己,不再把自己的情绪搞得很糟,开始做自己的情绪的主人了。

怎样原谅别人的错误?

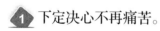

只要伤害还存在,原谅就不会开始。因此,第一步就是不要再为别人犯下的错误而痛苦,走出痛苦的深渊,不再让自己为别人的错负责。但是,如果是涉及身心方面受到的严重创伤,则需要借助法律手段强迫对方承担责任。我们原谅他人同要他人为自己的错误承担责任,两者并不冲突。

植树节过去两周了,大豪对小灰的行为还是很气愤,他怎么做更有益于自己的身心健康?

卡耐基给少年的成长书：做情绪的主人

2 告诉对方你的想法。

在对方承认错误后，你可以告诉对方你的感受，然后再达成和解，并原谅对方。表达自己的感受时，要尽量保持冷静，不要激动，也不要报复对方。只有清楚地表达出自己内心的想法，才能让对方明白你的底线，并避免再次侵犯到你。当双方达成共识后，你可以告诉对方你原谅他了，这对双方来说都有好处。

面对小灰的道歉，大豪应该和他说什么？

3 重新积极生活。

"昨天"是过去时,已经无法更改,对于过去发生的事,我们无能为力。而当下和未来,才是我们应该把握的。你可以试着抛弃怨恨,积极地面对新的生活;而对方则可以抛掉伤害你的内疚之情,和你重建友谊。你们都要坚信,同样的事情不会再次发生。试着把整件事彻底忘掉,把注意力放在有益彼此关系的积极的一面。

小灰听从了大豪的建议,和其他同学道歉后,大豪应该怎么和小灰相处?

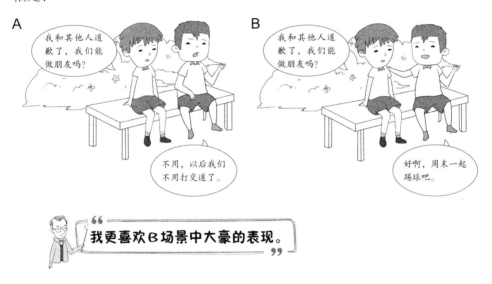

我更喜欢B场景中大豪的表现。

卡耐基给少年的成长书：做情绪的主人

第五章 不要被内疚感击倒

1. 内疚的心理表现——"都怪我"

情绪问题知多少

我是陈思，都说怕什么来什么，我最怕自己在学校惹什么祸，结果还是惹祸了。前几天课间休息，我从小灰课桌前经过，不小心把他放在桌子上的智能手表碰掉了，表盘都摔碎了。虽然小灰安慰我说只是表盘坏了，但是我依然很内疚，一直不敢和小灰说话。一连几天我都闷闷不乐，觉得都怪我，都是我的错，我该怎样从这种内疚中走出来呢？

艾伦的父母从小就教育她，不管发生什么事，都要先从自身找原因。比如当艾伦不小心打碎盘子的时候，父母会训斥她说："你怎么那么不小心。"这个时候艾伦要想让父母停止训斥，马上承认错误并道歉是最好的方法，虽然她并不知道自己做错了什么，而且盘子碎了也吓了她自己一跳。

慢慢地，每当发生不好的事情时，艾伦总觉得是自己做错了什么。

当艾伦责怪自己时，身边的人看到她内疚的样子就不忍心继续责怪她，但是这也让艾伦觉得，凡事都怪她，她不能做好任何事，只能恳求别人来原谅她。渐渐地，艾伦不再自信，她失去了别人的信任，同时失去了很多机遇，艾伦因此变得更加内疚和自责。

这形成了一个恶性循环，艾伦想要跳出来，她告诉自己，与其一味责怪自己，不如拿这个时间来做具体的事，并且要求自己尽快地从内疚情绪中走出来。一开始，艾伦并不能很好地控制自己的情绪，可坚持了一段时间后，她发现用于自责的时间越来越少，能够专注于学习的时间越来越多，成绩也越来越好。

艾伦改变后，她身边人开始更加信任她，这让她非常开心。

卡耐基如是说

绝大部分的人都曾因做错了事或无心之失而懊悔内疚不已。内疚是人类的一种基本情绪，是随着一个人由于年龄增长形成的责任感而产生的。适度内疚是人之常情，也是有良知的一种表现。

人们会因为个人缺点或错误而内疚谴责自己。积极的内疚和自责既是一种对他人的道歉，也是一种自我心灵的解脱，它能让彼此真诚相待。但消极的自责常常表现为过度责备自己，从而沉浸在沮丧、悔恨、绝望等情绪中，影响身心健康，妨碍正常的人际关系。一味地内疚自责往往于事无补，如果我们想交朋友，不如先为别人做些事。

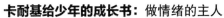
卡耐基给少年的成长书：做情绪的主人

如何面对内疚情绪？

 接受内疚情绪。

内疚源于个人内心道德的违规，内疚的标准是比较私人化的，因为每个人内心的道德规范不同。比如有些人撞倒别人会内疚，有些人觉得没什么。当你产生内疚情绪，并开始自责的时候，不要过度抗拒，不妨先接受它，因为一般的内疚心理往往是健康的，它能够激励我们弥补过错，做出有益于他人和社会的行为。

陈思一连几天都陷入弄坏小灰手表的内疚中，他不想一直自责，应该怎么想呢？

2 尽量及时弥补。

过去的事情已经过去，一味沉浸在内疚和自责中，并不能改变过去。不如尽量及时弥补，减轻造成的伤害，并且吸取教训，以期将来不再犯同样的错误。比如你吃完香蕉随手扔香蕉皮，害后面一位老奶奶踩到了滑了一跤，你感到很内疚。但如果老奶奶摔倒了，你及时扶她起来带她去医院检查，则可以适当地通过良好行为来弥补内疚心理。

设想一下，当小灰表示手表摔了没关系，只是表盘坏了时，陈思应该怎么回复？

3. 承认自己的能力有限。

每个人的能力都是有限的，我们要认清到并接受这一事实。当某件事超出了我们的能力范围，我们无法完成或不得不放弃时，不要过分地感到内疚。大方地承认自己的能力不足，暂时还无法做到，有助于更好地认清自己，并有利于自己朝着优秀的方向前进。

假设小灰要过生日了，想让陈思送自己一双球鞋，因为资金不够而感到内疚的陈思应该怎么回复呢？

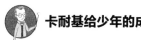
卡耐基给少年的成长书：做情绪的主人

2. 远离想象出来的内疚

  我是欣欣，我特别在意身边朋友、家人的情绪，看到有人不开心，我总是会想是不是因为自己的原因导致的。上周，阿满想跟我借一本漫画书，可是那本书是嘉美的，嘉美并不想借出去。拒绝阿满后，接连几天看到阿满都是闷闷不乐的神情，我内疚极了，肯定是因为我没借给他书的缘故。怎么办，我要不要买一本书送给阿满？

案例时间

近段时间，安娜看起来满脸忧愁，就连上课的时候也会偶尔走神，因为她陷入了两难的境地。

根源就在于帮同学捎东西。中午放学后，很多人不想回去吃饭，安娜因为离家远，也在学校吃午饭。所以有同学让安娜出去吃饭时帮忙带东西，安娜爽快地答应了。

久而久之，让她帮忙带东西的同学越来越多，有的让她带饮料，有的让她带三明治，还有的让她帮忙买学习用品。到后来，安娜每次都得拎着包出去采购，这占用了她很多时间。有的同学觉得总是麻烦安娜，有些过意不去，就不再让她帮忙捎东西。

可是安娜却觉得非常内疚，总觉得是因为自己的原因，给别人带来了不便，为了摆脱这种歉意，她便跟那些同学说可以重新帮忙捎东西。

同学们都很开心，觉得安娜人很好，于是找她帮忙的人越来越多。因为要采买的东西数量多，就出现了买错东西的情况。当有人跟她说"你给我带错东西了"，安娜就会感到非常内疚，忙不迭地道歉。

每天这样让安娜力不从心，她觉得自己陷入了跳不出的圈子中。她一边觉得捎这么多东西很麻烦、吃力，一边又不想因为拒绝别人而感到内疚。

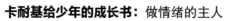

有些人过于关注他人的感受。他们甚至将"拒绝帮助别人"视作伤害别人，从而引发强烈的"内疚"。这种内疚，其实属于"被动内疚"，是一种由他人的行为导致的不应该产生的不当内疚。

当一个人沉浸在自己想象的内疚感中，不论发生什么事情，他都会习惯性地认为是自己的错。大家一起做一件事失败了，他会认为全都是自己的错；满足不了别人提的要求，他会认为是自己的错……陷入这种想象出来的内疚中，只会弄得自己止步不前。要知道，对别人好不是一种责任，它是一种享受，因为它能增进你的健康和快乐。所以，做好自己可以做的事情，认清事情的本质，建立自信吧，尽量从你想象出的内疚感中一步步走出来。

如何远离想象出来的内疚？

1 留下"我做了什么"的证据。

如果你常常觉得自己做得不够好、不够完美，或者觉得自己做得没有达到别人的要求，从而想象出"都怪自己"的内疚感。那你可以试着用笔把自己做过的事情写下来。记的内容要尽可能的详细，如事情发生的时间、地点、人物、经过等这样的细节。感到内疚时，拿出来看一看，回忆一下自己到底做了什么。几次以后，你会发现，很多事情并不是你能决定的，没必要把所有错误揽到自己身上。

欣欣总觉得是因为自己的原因，阿满才闷闷不乐的，她可以怎么做？

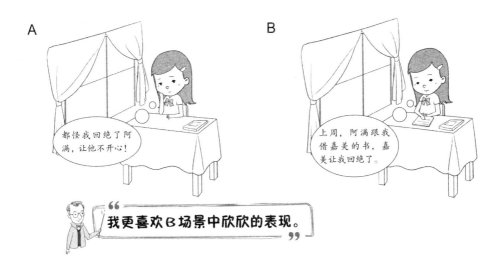

2 尝试着和对方沟通。

有时候，我们所认为的对别人的"伤害"只是想象出来的，事实如何，构成"伤害"的程度如何，我们并不能确定。这个时候，与其一味地沉浸在自己想象出来的内疚中，不如尝试及时地和对方沟通。在澄清事实、表达各自的想法后，你的内疚感很可能会减少很多，甚至完全消散了。

当多次看到阿满闷闷不乐地经过时，欣欣想和阿满聊聊，她应该怎么说？

卡耐基给少年的成长书：做情绪的主人

3 尝试角色互换。

你会时常苛责朋友，觉得朋友对自己做得不够多吗？如果不会，为什么你总是想象自己对他们做得不够多、不够好呢？为什么会对他们感到内疚呢？在习惯性地放低姿态，去道歉、讨好、妥协等行为之前，不如先换位思考一下，如果你是对方，你真的会觉得自己做得不好，然后全部都怪在自己头上吗？

欣欣今天肚子疼，没办法和嘉美一起去吃小吃了，她该怎么克制内心的内疚感？

3. 有效道歉，维护良好的人际关系

情绪问题知多少

我是大豪，我知道我的脾气差，这是大家都知道的。但是我却没想到

我的坏脾气能给别人带来这么大的伤害！上一次，欣欣偷偷告诉我，因为我反对阿满和别人交朋友，还说了难听的话，阿满伤心了很久。说实话，我也很后悔，很内疚，想跟阿满道个歉，可是该怎么道歉呢？

美国南北战争初期，北方军接连遭遇失败，这给林肯带来极大的烦恼。

一天，一位养伤的团长来恳求林肯准假，因为他的妻子生了重病，生命垂危，他想尽快赶回家去。林肯听后厉声斥责他说："你不知道现在是什么时期吗？战争！苦难和死亡压迫着我们，家庭和感情的事应该放在和平的时候再谈，而不是现在！"团长只得失望地回去了。

第二天清晨，天才蒙蒙亮，团长就听到有人扣房门。他打开门一看，门前站的竟然是林肯。林肯握着团长的手说："亲爱的团长，我昨天太粗鲁了。对那些献身国家，特别是确实有困难的人，我不应该那么做。我懊悔了一夜，迟迟不能入睡，一早就赶过来，恳请你原谅我。"

团长听了，既诧异又感动。林肯又专门替他向陆军部请了假，并亲自乘车送这位团长赶往码头。

正是林肯这种知错就改、诚恳道歉的态度，使得他深受下属的爱戴。

我们在和别人相处的过程中，难免会发生摩擦。当我们搞砸了事情，或大或小，总需要给别人一些交代，所以道歉的情况在所难免。

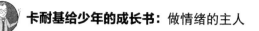

一旦发现自己错了,要赶快道歉。大多数人道歉时只喜欢说自己,说自己的意图、感受和想法。"我本来没打算""我本来是想""我是有原因的""我没有认识到"……但其实,有效的道歉需要站在对方的角度,明确地表明,由于你的错误,让对方受到了怎样的影响,关注对方的感受,并致力于努力修复关系,争取对方的原谅。

怎样有效地道歉?

承认自己做了什么。

对于因为你而发生的一些不好的事情,如欺骗了别人,说了一些伤害朋友的话……第一步是承认你做了什么。不解释你为什么这么做,只是承认你做了什么。不要说"我本来没打算欺骗你的",而是简单地说"我很抱歉,我撒谎欺骗了你"。

当大豪想跟阿满道歉时,第一步应该怎么说?

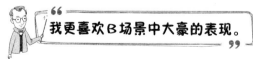

2 明确对他人的影响。

承认你所做的事情后,接着要考虑所产生的影响。尽可能站在对方的角度上,诠释自己认识到的恶劣影响。如不要简单地说"对不起我弄坏了你的新文具盒,这不是什么大事",而是具体地阐述"对不起,我弄坏了你在生日时收到的文具盒,让你觉得很难过"。不要过多解释,或刻意弱化事情的影响,尽量尝试了解和承认对方的感受。

在承认了自己所做的事情后,大豪应该怎样进一步和阿满沟通?

3 给出切实可信的改正承诺。

当你知道自己的错误点后,难免要提到"以后要怎么做"的问题。在有效的道歉行为中,错后改正,并且给出承诺很重要。所以在说完自己的过错之后,可以在后面补充上,你打算怎么修复损害,并且在以后的生活中如何避免这类事情再次发生,等等。帮助对方修复内心的伤痛,并尽可能地修补你们之间的关系。

大豪已经完成了前面两个步骤,那么接下来他该怎么跟阿满保证呢?

4. 自我原谅，和不安的自己和解

情绪问题知多少

我是欣欣，最近语文老师点名让我收发语文作业。前天，我收老师布置的作文时，大豪、阿满还有其他几个男生都没写，慌忙在座位上补写，让我等他们写完再交上去。可是眼看着都要上下一堂课了，我只好先把其他同学的作文本送过去。结果老师让没交作业的不要交了，要罚他们。我听后内疚极了，早知道等等大豪他们了，他们会怪我吧？我该怎么办？

在棒球老将康尼·马克81岁高龄的时候，卡耐基曾经拜访过他，并且

在聊天时问他:"您是否曾经因为输了比赛而介怀?"

"哦,当然,我以前总是那样,"马克回答说,"我会觉得很内疚,很失落,对不起支持自己的人,无法原谅自己。不过那都是我年轻时所干的傻事了,好多年前,我就不再这样愚蠢了!"

卡耐基不解地问道:"那您是怎么化解的呢?"

"因为已经磨完的粉就注定不能再磨,流过的水也无法回头。人也是一样,既然犯下的错误已经无法挽回,我们要做的不是一直内疚,而是去想如何做得更好。人要懂得宽容和原谅自己!"康尼·马克答道。

这段话让卡耐基想起了弗雷德·富勒·谢德做的一次演讲。谢德是《费城公报》的编辑,有一次他被邀请到大学里给毕业生做演讲。他有一种天赋,能把古老的真理用新颖的方式表达出来。演讲时他问:"在座的各位有没有人曾锯过木头?"很多人举了手。他又问:"有没有人锯过木屑?"没人举手。

"当然了,我们不可能锯开木屑!"谢德先生大声说,"因为它已经被锯碎了。当你为自己做过的事情一直后悔内疚的时候,就相当于在锯木屑。"

人们在犯错时,虽然有人会选择原谅自己、安慰自己,觉得犯了错也没什么。但大多数人会责怪自己、埋怨自己,觉得做错事后原谅自己是没有羞耻心的行为。实际上,一味地责怪自己,不但对解决问题毫无帮助,还会让我们沉浸在内疚情绪中无法前进。

在积极承担自身责任后,不妨试着原谅曾经的自己,忘掉不好的回忆,与过去的自己和解。每个人都无法做到十全十美,无法一生都不犯任何错,

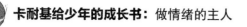

因此，我们大可以从面对真实的自己开始，原谅自己。尽管原谅需要一个过程，不是一蹴而就的，但是当一个人的改变起自他本身，他已经不是一个平常人了。

如何做到原谅自己？

1 接纳不完美的自己。

很多人都希望自己是完美的，想要被赞美、被欣赏、被喜爱……然而，每个人都有缺点，都有犯错的时候，这是所有人身上都会发生的事。学会接纳自己，接受自己的不完美，是原谅自己、和自己和解的第一步。凡事不要对自己太苛责，不必强迫自己做到人见人爱，也不必一直陷入因为自身不完美而引发的内疚中。

欣欣总觉得是自己太急躁了，没有多等一会儿没写作业的同学，她该怎么试着接纳自己？

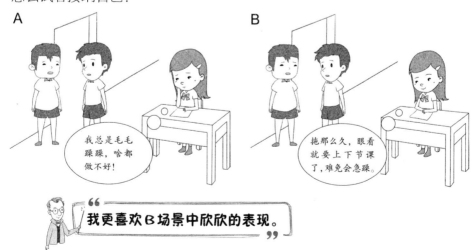

2 用朋友的身份安慰自己。

我们往往善于安慰别人,却不会劝慰自己。因此,不妨想象犯错或不安的人是你的好朋友,你会怎样安慰和鼓励对方。这样,再以朋友的身份,用这些话来劝慰自己。有时候,跳出自己的视角,试着从他人的角度去看自己的行为,你会更容易理解和原谅自己。

在欣欣一直陷入内疚的时候,她该怎么用嘉美的身份安慰自己?

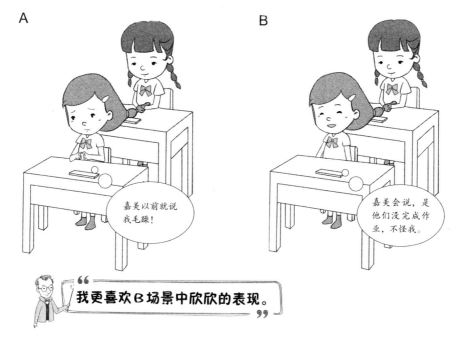

> 我更喜欢B场景中欣欣的表现。

3 将目光着眼于未来。

自我原谅,不是说我们逃避,不管自己犯的错,恰恰相反,原谅自己其实是不局限于过去,是着眼于当下和未来。每一次的问题,只要汲取经验教训,避免以后再犯,就有了它发生的意义,一味自责内疚,反而于事无补。所以,将目光放远一些,不要沉浸在过去的失误中,试着避免此类的事情再发生,做更好的自己。

卡耐基给少年的成长书：做情绪的主人

欣欣想避免再发生晚交作业的情况，并且不想再为此内疚，她该怎么做？

"我更喜欢B场景中欣欣的表现。"

5. 不过于执着，重新投入生活

情绪问题知多少

我是小灰，自从我惹下大祸，在植树节"一战成名"后，就一直很内疚。虽然经过我不懈的努力，大豪原谅了我，五年级其他同学也表示不再追究了。可是我还是经常会想起那天发生的事情，想起当时大家看我的目光。每每想到自己推倒别人的树的场景，我就恨不得钻到地缝里，我该怎么继续自己的校园生活啊？

卡耐基曾经白白让30万美元从自己的指缝溜走，一个子儿也没留下。

这让他懊悔、自责了很久。事情是这样的：

卡耐基在成人教育领域的事业规模越做越大，从一个成年人教育班，发展为陆续在各大城市开设了很多分部。卡耐基花了大量的资金用于日常管理和广告宣传，当时，他忙着教书，没时间和精力来管理财务。

过了一年多，卡耐基震惊地意识到，尽管业务量巨大，但是公司竟然没有任何盈余！卡耐基陷入了慌乱和担心，一连好几个月，他都精神恍惚、内疚自责、懊恼不已，因而引发了失眠、食欲不振等身体问题，体重和健康状况急剧下降。

最终，卡耐基意识到，自己应该向黑人科学家乔治·华盛顿·卡弗学习。由于银行倒闭，卡弗失去了自己一辈子辛辛苦苦攒下来的4万美元。可是他却能淡然地接着教书，当别人问他知不知道自己破产这件事，卡弗回答道："是的，我听说了。"但是他却从不主动提起这件事，因为他已经选择忘却，并开始新的生活。

卡耐基最终聘用了一位精明能干的业务经理，来帮他控制成本，而不是继续沉浸在自怨自艾和内疚不安的情绪中。

当人们陷入一种情绪时，经常久久无法释怀，甚至没办法集中精神去继续自己的生活；然后将情绪无限放大，一些细微的事情，或者别人无心的话，都会触发自己的情绪开关，进而陷入恶性循环中。

我们要做的，是把握现在，不必哀悼过去，更不要忧愁未来。每个人都难免遇到让自己内疚自责、无法放下的事，但只有洒脱地跟过去告别，才能重新开始新的生活。这在刚开始的时候可能很难，找对方法坚持下去，你很快会发现，不过于执着，重新开始才能让生活变得更美好。

卡耐基给少年的成长书：做情绪的主人

如何摆脱内疚，重新生活？

1 明确自己的目标。

总是执着于负面情绪，势必会影响自己的学习、家庭、朋友关系。如果想要摆脱内疚自责重新开始，第一步要做的就是明确自己想要的生活。只有清楚地知道自己想要达到的目标，想要做什么，才能更快地帮你建立立自信和乐观情绪，从而建设自己的新生活。所以不妨认真想象一下自己想要的生活、想要达到的目标吧。

设想一下，小灰一直摆脱不了内疚羞愧的情绪，马上快要报名学校的科技竞赛了，他该怎么做？

2 尝试一些新的事情。

当我们日复一日重复同样的事情时，可能很难从固有的惯性思维中跳出来。每天都看同样的书，吃同样的食物，穿同样的衣服……不容易从自己的情绪中走出来。不妨尝试一些新的事情吧，如尝试着认识不同的人，吃不同的食物，接触新的体育运动，等等。这些都有机会让你的情绪变得积极起来。

第五章 | 不要被内疚感击倒

当大豪不计前嫌，约小灰出去踢足球时，不会踢球的小灰该怎么回答？

3 制定生活的明确计划。

在明确自己的目标后，可以制定具体、详细的计划和步骤。想想你需要做什么来实现你的目标并开始你的新生活，把这些列出来，如是否需要他人的支持，是否需要逐步提升自己的能力等。尽可能多地预测你完成新的目标将会出现的问题，并为之做好规划。

如果小灰报名了学校的科技竞赛，他接下来应该怎么做？

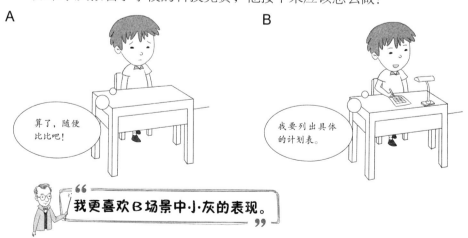

第六章 走出自卑的阴影

1. 导致自卑形成的三个因素

情绪问题知多少

我是嘉美，我的成绩一直不是很好，长得也一般，感觉干什么都不如别人，所以，我总是很自卑。看着身边的好朋友欣欣，活泼漂亮，成绩又好，我觉得自己根本没办法和她比。因为自卑心理，我经常冲欣欣发脾气，虽然我也不是成心的，真不知道，我是怎么变得这么自卑的！

案例时间

拿破仑出生在一个没落的贵族家庭，家境比较清贫。拿破仑的父亲为了维护家族的尊严，仍拿出贵族的身份高调自处，并从多方筹钱，将拿破仑送到一所贵族学校上学。

这所贵族学校的学生大部分家境优渥、锦衣玉食，而拿破仑却穿着破旧，十分寒酸，而且，更为致命的是，拿破仑的个子比较矮小。因为这些，拿破仑在学校经常遭到那些贵族子弟的嘲笑欺辱。

拿破仑虽然因为个子矮小、家境不好而自卑过,但他并没有止步于此。他每次上课都坐在第一排,加快走路的速度,提高说话的分贝,并且成绩始终名列前茅。最终,拿破仑成了法国历史上非常出色的政治家和军事家。

尤其是对自己的身高,拿破仑并没有一直自卑下去。拿破仑身高只有一米六几,有一次他在军中训话,有一个一米八几的将领在小声说话,这个将领比拿破仑高出一个头还不止,但拿破仑很自信地对他说了一句话:"将军,我希望你明白一个道理,虽然你和我的身高有一个脑袋的差距,但如果你不听从我的命令,我随时可以消灭这个差距!"

通常意义上所讲的自卑,常常伴随着"我不行""我什么都不会""我不如别人"等意识或潜意识。自卑即通过不合理的方式,尤其是过多地与他人进行不科学的比较而产生的自我否定、自惭形秽的心理体验。这种心理长期积累,会导致自卑者精神不振,意志消沉,影响身心健康。

自卑是如何形成的呢?自卑感往往与缺乏关爱的专制环境、过于苛责自己、不能正确面对挫折和失败等因素有关。自卑是束缚创造力的一条绳索,只有克服自卑感,才能发挥出正常的才智和创造力。而除了我们自己,没有人可以减轻我们的自卑感。

卡耐基给少年的成长书：做情绪的主人

如何避免产生自卑情绪？

1 争取民主、宽松的生活环境。

一个人的性格是遗传因素和环境因素相互作用的结果。遗传因素不容易更改，但我们可以从对性格的形成和发展起重要作用的环境因素入手。成长环境，尤其是家庭、学校对我们的成长影响很大，在过分严厉且专制、缺乏关爱和民主的环境中成长的人，自卑感往往比较重。对此，我们可以尝试和家长、老师沟通争取，尽量让自己在肯定和鼓励的环境中成长。

嘉美的爸妈总是对她很严厉，习惯批评指责她，嘉美该怎么办呢？

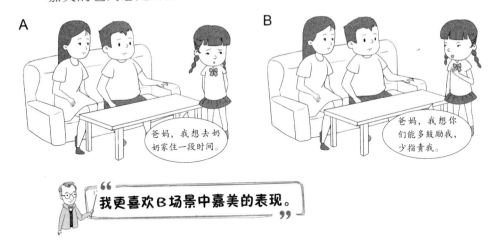

2 避免过于自负和以自我为中心。

自卑看上去和自负是相对的，但它们却是相伴而生的，因为自卑和自负都源于以自我为中心。以自我为中心的人经常用"应该"来表达自己：自己应该成为优秀的人；应该避免犯任何错误；应该受到每个人的尊重……

而当遇到挫折后，就会变得沮丧、颓废和自我苛责，怪自己不够完美，最终导致自卑。因此，避免过于自负，避免以自我为中心，不过度苛求自己，都可以一定程度上避免自卑情绪的形成。

设想一下，当嘉美总是和欣欣做比较时，她该怎么改变自己的想法？

> 我更喜欢B场景中嘉美的表现。

3 多积累成功的经验。

不能正确看待挫折和失败，是导致自卑感形成的重要原因；成功的经验则是自信心建立的重要因素。因此，不妨多制定一些合适的目标，多积累成功的经验，增强自己的自信心。心理学研究证明，一个人的成功经验越多，他的期望值和自我要求就越高，自信心也就越足；反之，如果一个人的初始目标过高，几次努力都失败了，就会怀疑自己，进而产生自卑感。

假设快要模拟考试了，嘉美该给自己制定一个什么样的目标？

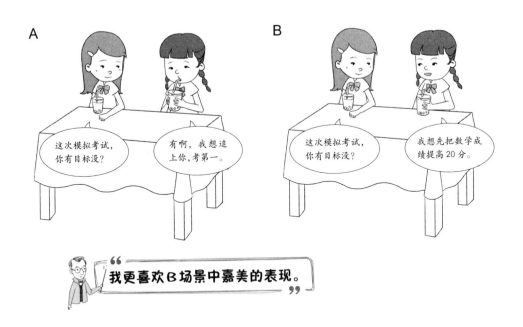

2. 自卑引发的负面情绪

情绪问题知多少

我是阿满,虽然我很喜欢凑热闹,不怎么愿意自己待着,但我还是觉得自己没什么朋友。尤其是前阵子,大豪既不怎么理我,也不让我和欣欣她们玩的时候,我觉得没有一个人喜欢我,没人想和我玩。慢慢地,我觉得自己一无是处,不受人待见,就越来越孤僻了。我变得每天闷闷不乐,烦躁,焦虑,真不知道我那段时间是怎么了。

第六章 | 走出自卑的阴影

案例时间

英国国王乔治六世出生于1895年12月14日,他有位严厉且强势的父亲。众所周知,乔治六世有一个毛病,就是口吃严重,据说是小时候父亲强制纠正他左撇子的习惯造成的。

不仅如此,他的哥哥爱德华生来就是王位继承人,乔治六世从小生活在哥哥的光环之下,心中充满了自卑和忧伤。

乔治六世因为口吃非常自卑,他不妄想当国王或者公众人物,只想蜷缩在自己的世界里,当一个安静的小人物。但命运偏偏和他开了个玩笑,他的哥哥爱德华当上国王后,由于想娶的女人不符合王室的要求,爱德华为了爱人主动放弃了王位。乔治六世临危受命,成了英国国王。

但是乔治六世却并不高兴,甚至在得知这一消息时很害怕,他第一时间跑到母亲跟前,靠在她的肩膀上哭了近一个小时。由于自卑导致的内向、痛苦、挣扎等情绪,让他几近疯狂。

所幸,乔治六世一直在接受语言治疗,他的语言治疗师莱恩尼尔·罗格也因此闻名于世。最终,口吃没能阻止乔治六世成为国王,也没能破坏他精彩的"国王的演讲"。

卡耐基如是说

因目标不切实际导致的自卑能引发诸多问题,如恐惧、焦虑、烦躁、沮丧等,甚至可以引发抑郁症。而自卑又是抑郁症加重的其中一个症状。因而,自卑会引发多种负面情绪,而这些负面情绪在某种程度上也会加重自卑感。

卡耐基给少年的成长书：做情绪的主人

"算算你的得意事，而不要理会你的烦恼。"但世界上大多数人，时常会觉得自己比其他人都逊色。他们告诉自己，自己不够好，不够漂亮或者聪明，但是这些往往是片面的。不论遇到什么挫折、困难，人都应该相信自己，控制自卑感和由此引发的负面情绪，如美国喜剧电影大师卓别林说的那样，"人必须相信自己，这是成功的秘诀。"

怎样摆脱自卑情绪？

1 找到自己自卑的根源。

自卑感能引发众多负面情绪，因此摆脱自卑情绪尤为重要。找到自己自卑的根源，克服它，是行之有效的方法。自卑的根源可能来自过去经历的某件事，或某段记忆，如糟糕的童年经历、创伤事件或别人对你的嘲讽。试着反思过去，找到自卑的根源，并试着接纳它，和自己的过去和解吧。

比如由于大豪的嘲讽，阿满变得自卑又敏感，阿满应该怎么做？

2 不过于在意别人的目光。

自卑感很多时候是我们过于在乎别人对我们的看法而产生的。太过在意别人的目光是因为缺乏自信心,有的人上课问题回答错了都会纠结一整天。其实,我们没必要担心别人怎么看待自己,做好自己就可以了,我们做的每件事不可能让所有人都满意。既然如此,与其过于在意别人的目光,谨小慎微地行事,还不如大大方方,做好自己,相信自己。

当阿满总觉得同学们在嘲笑他没朋友时,他应该怎么调整自己?

3 关注自己的长处。

人们在感到自卑的时候,往往会将目光过多地放在自己没有的东西上。但其实每个人身上不只有缺点,还有各自的长处。也许你认为自己太胖了,但你可能有健康的身体、开朗的性格……试着集中注意力去发现积极的一面,你的长处可能不会使你变得完美,但会让你觉得并不比别人差,你只需要快乐地做自己并感激自己所拥有的。

阿满总是过于关注自己的缺点,他该怎么调整自己呢?

卡耐基给少年的成长书：做情绪的主人

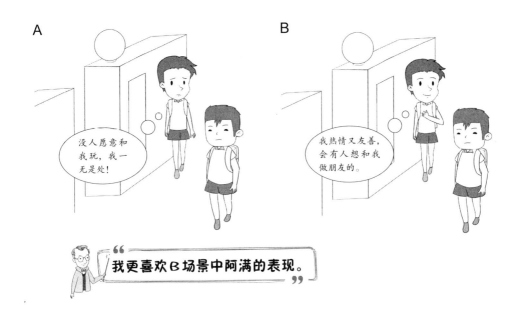

3. 摆脱自卑，压制脑海中的自我批评

情绪问题知多少

我是陈思，自从转校过来之后，我总是忐忑不安，遇事喜欢责怪自己。最近学校要进行"两人三足"的体育比赛，就是将一人的左腿与另一人的右腿在脚踝部分用绳子绑上，两人一组，进行速度竞赛。我和小灰一组，可我从小动作就很笨拙，总是拖他的后腿，为此我不停地责怪自己，总觉得自己很笨，都不想参加比赛了，我该怎么办啊？

西奥多·罗斯福小时候胆小脆弱，老师一叫他起来背诵课文或者回答问题，他就会紧张不安，双脚抖个不停，回答得也含糊不清，最后他只好颓废地坐回到座位上。

除此之外，他还有一口让人不忍直视的龅牙。这些都让小罗斯福非常自卑，他也会责怪自己，怪自己胆小怯懦，长相可笑，这导致他不喜欢交朋友，宁可一个人待着。

但是，尽管小罗斯福身上有这么多缺憾，他却没有放任自己一直自卑下去，也没有沦陷在无休止的自责中。他身上有一种坚韧的奋斗精神，他的缺憾反而增强了他奋斗的热忱。小罗斯福并没有因为同伴的嘲笑而自怨自艾，相反，他挺直腰杆使自己的双脚不再战栗，他用坚强的意志，咬紧牙根使发音不再颤动。他以此来克服自己与生俱来的胆小和众多的缺陷。

他用这种方法战胜了自己，罗斯福晚年时，已经很少有人知道他曾经有过严重的缺憾，他自己又曾经如何自责、烦恼过。美国人民都爱戴他，他成了美国有史以来最得人心的总统之一。

因此，缺憾和不足应该成为一种促使自己向上的自我激励，而不是自甘沉沦的理由。

都说我们自己是最了解自己的人，但同时也是自己最大的敌人。我们对自己总是很苛刻，希望自己能变成一个完美的人。有时当众发言后，觉得自己哪句话没说好，我们就会暗暗责骂自己："我刚才的回答真是太蠢了!"脑袋里经常有个声音在不断地指责自己、攻击自己,认为自己什么事都做不对,让你所有的自信和勇气都化为乌有。

过度自我批评会让自己不快乐,而且会把事情弄得更糟。为何不停下来呢?停下没完没了地责怪自己,让负面的自我批评远离我们。因为与其这样,还不如具体做点儿什么,来改正我们所犯的错误,让我们从自责和羞耻感的深渊中解脱出来。

如何停止自我批评?

1. 用具体问题代替泛泛的自责。

通常,很多人的自我批评都是模糊的、泛泛的。人们常常对自己说"我太差劲了",或者干脆说"我就是个蠢货",而很少去想"我具体是哪里没做好""我下次可以怎么做"。检查一下你对自己的评价,是不是同样存在这种模糊不清的问题。尝试一下吧,试着用更为具体的问题描述来代替这些模糊的想法。毕竟,解决具体的问题要清晰容易得多。

陈思和小灰练习"两人三足"时,陈思总是摔倒,他该怎么做呢?

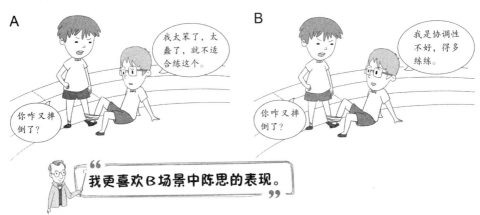

2 试着和自我对话。

很多时候，人们在内心是以第二人称"你"来进行自我批评的。例如在心里说："你怎么能做出那种事呢？"这时，不妨静下心，和你内心的声音聊一聊。倾听自己内心最真实的想法，思考自己为什么会这么做，有没有更好的做法。人不能同时存在两种思维，当你开始思索另一种声音时，也将逐渐停止自我批评。

陈思因为动作笨拙一直暗暗责骂自己，他该怎么调整自己的想法？

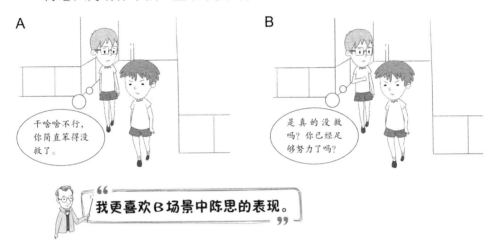

A 干啥啥不行，你简直笨得没救了。

B 是真的没救吗？你已经足够努力了吗？

> 我更喜欢B场景中陈思的表现。

3 用自我改正取代自我批评。

一味自我批评对解决问题并没有实际意义，反而是及时自我改正更为实际有效。假设你考试时因为粗心漏写了一道题，你哭了一整天，这会有用吗？反之，如果你及时吸取教训，以后再也不漏写题目。这两种解决方法哪种更好呢？同样道理，与其自我批评，不如试着自我改正。你可以对自己说："好吧，这次失败了，那我下次尝试下别的方法。"

陈思面对自己肢体不协调的问题，应该怎么做？

4. 接纳自己,肯定自己的长处

情绪问题知多少

我是嘉美,我最近总觉得自己一无是处:达不到父母的期望值,成不了老师眼中的好学生,要好的朋友也不多……前两天我心里闷得难受,去找苗老师咨询。没想到苗老师居然夸了我一通,说我性格好,表达能力强,还说我只是没认识到自己的长处。我一下子愣住了,原来我还有长处啊!

案例时间

卡耐基有个朋友叫露西莉,她跟卡耐基讲过自己的一段经历:

"我的生活一直非常忙碌,我在亚利桑那大学学风琴,在城里开了一间语言学校,还在我住的沙漠柳牧场上教音乐欣赏的课程,并参加了许多宴会、舞会。有一天早上,我的心脏病发作,整个人都垮了。

"医生让我在床上静躺一年。在床上躺一年,做一个废人,最后有可能还是会死掉,我害怕极了。我又哭又叫,心里充满了怨恨和懊恼。可还是不得不遵照医生的话躺在床上。

"我的邻居鲁道夫先生是位艺术家。他告诉我在床上躺一年实际上并不是什么悲剧。相反,我可以有时间思考,真正认识自己。于是,我平静了下来,停止抱怨自己只能躺着的事实,开始重新认识自己。慢慢地,我发现自己并不痛苦,我耳聪目明,能听到收音机里播放的优美音乐,有时间看书,有很多好朋友,还有一个很可爱的女儿。我非常高兴,而且来看我的人非常多。

"这件事已经过去9年了,现在我的生活多姿多彩。我很感谢躺在床上的那一年,它让我学会了每天早上算算自己的优点、得意事,这是我最珍贵的财富。"

卡耐基如是说

没有人是十全十美的,每个人都有自己的闪光点,也都有缺点。有缺点并不可怕,可怕的是一叶障目,看不到自己身上的其他长处。如果我们没有认识到自己的闪光之处,我们就不能充分地利用它们,并且很有可能

卡耐基给少年的成长书：做情绪的主人

会错失实现个人价值的机会。

该如何发现和肯定自己的长处呢？不妨用欣赏的眼光审视一下自己吧，或者从朋友的口中多了解一下自己，也许你会发现，自己并没有自己想象中那么糟糕，相反，倒是有很多优点和长处呢。当然，优点少也不要紧，重要的是学会肯定和利用它们。就像已故的西尔斯公司董事长罗森所说的那样，"如果有个柠檬，就做柠檬水。"

怎样找到自己身上的长处？

1. 观察并发掘自己的兴趣爱好。

爱好是最好的老师，它能激发我们对生活的热情。同时，兴趣爱好也能在一定程度上反映出一个人的长处和优势。兴趣往往可以成就一个人，使你在某个领域取得成功，因此，花点时间观察、反思一下自己喜欢做的事吧，这些事往往暗示了我们与生俱来的某种技能。

当苗老师问嘉美有什么兴趣爱好时，嘉美该怎么回答？

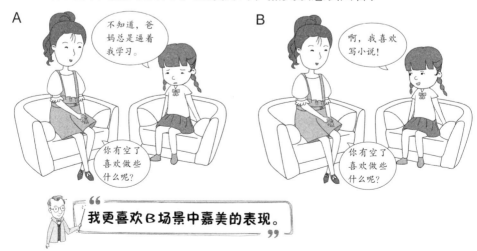

2 通过他人的评价来了解自己。

如果一时想不出自身的长处,我们可以结合别人对自己的评价,从他人的视角进一步了解自己。都说当局者迷,旁观者清,通常身边的人更能直观地对我们的个性和行为做出较为合理的评价。因此,可以试着询问那些了解自己、熟悉自己的朋友和家人,问问他们自己有哪些长处和优点,说不定会有意想不到的收获。

如果嘉美一时想不起自己的优点,就这个问题她是问新来的转校生好还是好朋友欣欣好呢?

显然,嘉美问欣欣能更好地了解自己的优点。

3 进行相关能力和性格的测试。

如果前两种方法都得不到让你满意的答案,你还可以尝试能力测试,来更加直观地反应自己的兴趣爱好以及性格特长,从而更加准确地定位自己。现在已经开发出来较多的能力和性格测试,测试的好处是可以比较系统地测评自身能力和才干,但任何测试都有局限性,结果也只是大致的。因此需要将测试结果与自我探索相结合,以得到较为精准的参考。

嘉美在线上做了能力测试后,得出的结果是嘉美想象力丰富,适合艺术创作，嘉美该怎么结合自身情况进行分析？

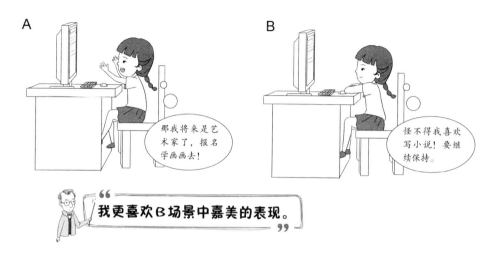

5. 要自信，不要自负

情绪问题知多少

我是大豪，从小我就是家里的"小少爷"，家里所有的人都对我百依百顺。慢慢地，我觉得别人都应该以我为中心，让着我，听我的。我的脾气变得越来越不好，还经常在学校惹祸，虽然我表现得很自信、爱出风头，但其实别人一反驳我，我就特别愤怒，并且内心会觉得沮丧和不知所措。我到底是自信还是自负呢？

案例时间

阿道夫·冯·贝耶尔是德国著名的有机化学家,曾获得过诺贝尔化学奖。

贝耶尔10岁生日那天,他原以为爸爸妈妈会像往常一样为他庆祝一番,可是没想到,这一天妈妈竟然一大早就带他去了外婆家,在那里待了一天,完全没提过生日的事情。

小贝耶尔失望极了,在回家的路上,他气得快要哭了,母亲见状,语重心长地对他说:"你出生的时候你爸爸41岁,还是个大老粗。现在他51岁了,可还跟你一样,在努力学习。他明天要参加考试,我不想因为你的生日耽误他的学习,因为时间对一个人来说太宝贵了。"

小贝耶尔听了若有所思,后来他回忆道:"这是我10岁生日最好的礼物。"

长大后,贝耶尔在大学读书时,凯库勒教授已经是德国著名的有机化学家了。年轻自负的贝耶尔和爸爸谈起凯库勒教授,随口说:"凯库勒嘛,只比我大6岁……"

父亲听了立刻摆手打断了他,严肃地对贝耶尔说:"只大6岁又怎么样,难道就不值得你向他学习吗?我学地质时,老师的年龄比我小30岁的都有,难道我就不用学了?"

此事对贝耶尔的触动很大,此后他再也没有因为自负而轻视、慢待他人。

卡耐基如是说

自信虽好,但过度自信就变成了自负。自负的人往往盲目自大,过高地估计个人的能力,他们通常会觉得自己在各方面都比别人强很多,因此

总是表现得固执己见、个人主义，甚至喜欢指挥别人。

实际上，过于看高自己会给旁人带来不自量力的感觉，脱离实际的自负还会影响我们的生活、学习和人际交往。很多自负的人初始时热情高涨，但在受挫后，又会变得沮丧、颓废、苛责自己，很容易从自负走向自卑。所以说，我们需要正确认识自己，既能看到自己的优点，又能接受自己的缺点，全面地看待他人和自己，自信，而非自负。

如何避免过于自负？

1 接受他人的批评。

接受批评是改变自负的比较好的办法。自负者通常有一个明显的问题，那就是他们总是不愿意接受别人的意见或批评，即便别人说的是对的。因此，不妨尝试下改变自己的态度，接受批评，这并不是让自负者完全服从他人，只是让其能够接受别人的正确观点，学会理解和接受，改变过分以自我为中心的态度。

面对葛老师对自己的批评，大豪应该怎么回应？

2 与人平等相处。

自负的人通常将自己看得高高在上,无论在思想上还是行动上都想要求别人服从自己,并且习惯于打压别人的观点和做法。想要改掉自负的毛病,不妨试着尊重别人,以一个普通人的身份和别人平等相处。如对身边的人和事心存敬意,尊重差异,学着包容他人等。

当大豪和阿满因一道数学题发生争执时,大豪怎么想才能避免自负呢?

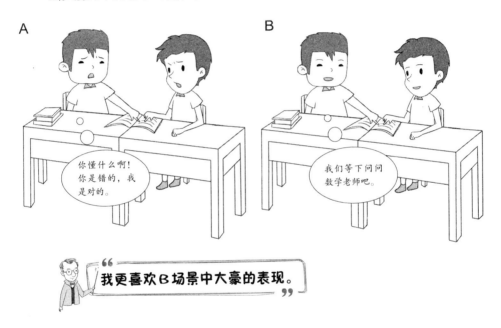

我更喜欢B场景中大豪的表现。

3 正确认识自己。

正确认识自己,即全面地认识自我,既要看到自己的优点和长处,又要看到自己的缺点和不足,避免过于沉浸在自己的优点中,一叶障目,变得越来越自负。全面认识自我要结合自己的思想、语言和行为表现等,同时参考身边的人对自己的评价。做到既不因一些长处而骄傲自大,又不因自身的不足而自卑悲观。

卡耐基给少年的成长书：做情绪的主人

大豪想要全面地认识自己，下面他的哪种做法更好呢？

我更喜欢B场景中大豪的表现。

第七章 孤独是人生的礼物

1. 孤独 ≠ 寂寞

我是阿满,自从大豪跟我道歉后,我们相处得还是挺不错的。不过我发现,虽然我身边有大豪、嘉美、欣欣这些朋友,但是我还是害怕一个人,一会儿看不见他们,我就要到处找,干什么事都让他们叫上我。欣欣说我是害怕孤独,大豪说我是太寂寞了,这是一回事吗?

尼采是德国著名的哲学家。他患有严重的神经衰弱、胃病和眼部疾病,35岁时他曾感叹:"但丁在这个年龄写出了《神曲》,而我'已经被死神包围'。"

因此,有一段时间,尼采一心想结婚找个人照料他的生活,但最终他放弃了成家的打算。36岁时,尼采辞去巴塞尔大学教授的职务,此后一直

在法国、意大利漂泊。他孑然一身,没有职业,没有家室,没有朋友,也许没有人比尼采能更深地领略孤独的滋味了。

尼采常租住在一间简陋的农舍里,有时一连数月都见不到一个可以说话的熟人。在极度的孤独中,他一次次绝望地感叹着,"我期望一个人,我寻找一个人""如今我孤单极了,不可思议地孤单"……

但是,孤独却并非完全是坏事,孤独也不等同思想上的寂寞。尼采漂泊异国的十年,正是他创作最高产的时期。他的大部分作品,包括他的主要哲学理论和《查拉图斯特拉如是说》这部奇书,都是在这期间完成的。

尤其令人惊讶的是,在尼采的书里,丝毫看不到颠沛流离的阴影,相反,书中字里行间充满了他精神上的骄傲和对世俗的蔑视。

人总有孤独失意的时候,会对自己的人际交往没有自信。有时觉得身边没有真正把自己当朋友的人,有时又觉得自己与他人格格不入,不仅自己痛苦孤独,身边的人也不舒服。孤独感强的人习惯于逃避孤独,将自己投身于人海中,或是做一系列的行为引发别人的关注。

但这种孤独是外在的,一般指一个人独处时的心境。而一个人内心的孤独则偏于思想化,是指精神上的一种感受——寂寞。孤独的人未必寂寞,因此,只要我们充实自己的内心,丰富自己的精神世界,就能远离寂寞感。而孤独,则需要我们大胆打开与外界的联系,尝试着克服它。

如何克服孤独心态?

1 尝试和人聊天。

如果你时常觉得孤独,并且不知道如何与他人建立友谊,那么尝试和别人聊天是个不错的起点。如去超市买东西时和收银员闲聊几句,在班级里和不熟的同学交流一下,等等。当你学会在不同的情境中聊天后,能够有效地减少孤独感,并且也会更有利于你以后跟想要交朋友的人打成一片。

阿满在班内没看到大豪他们,他不想自己待着,看到了班上没怎么说过话的小凯,他该怎么办呢?

2 练习和自己相处。

其实,当我们产生孤独感时,不一定要一味地逃避孤独,我们可以试着和自己相处。有心理学家认为,要想和别人建立稳固的关系,学会"自己一个人也能过得很好"是必不可少的。为了逃避孤独而刻意地寻求他人的陪伴，并不利于建立稳定长久的友谊，而且每个人都势必会有一个人独处的时候，所以练习和自己相处不可或缺。

当阿满的爸妈周末加班，留阿满一个人在家时，他该怎么办？

3 确立人生目标。

很多人内心比较脆弱，对生活没有明确的目标，因此一个人独处的时候难免会感到茫然，并且表现得害怕孤独，害怕自己不被人理解或尊重。要想克服这种脆弱和内心的恐慌，我们可以为自己确立一些明确的人生目标，如培养一些兴趣爱好，在某些方面有所成就等。一个人一旦有所追求，有了目标，就不再会经常感到孤独，反而有可能会享受孤独了。

阿满不想总黏着大豪，不想总因为孤独感而烦恼，他可以怎么做？

2. 孤独具有传染性

情绪问题知多少

我是小灰,最近陈思也不知道怎么了,自从上次"两人三足"的体育比赛后,他就闷闷不乐,不爱说话。问他什么,他都提不起精神,经常一个人独来独往。开始我还能时不时地找他聊两句,没想到后来连我也变得不想和别人接触了,天天一个人待着,觉得挺孤独的,这是怎么回事?

尼克和艾伯特是同一个班级的学生。尼克各方面都表现得非常突出，他唯一的问题是很少和同学们交谈，无论课上还是课下。

艾伯特发现，尼克周围的人也都像他一样安静，静静地坐在座位上看书，很少看到他们交流。艾伯特对尼克产生了强烈的好奇，他试着接近尼克，和尼克打招呼，但对方只是简单地回应一下，就继续沉浸在自己的孤独中了。

艾伯特备受打击，他开始闷闷不乐，并且不想交流了。但是，对于各方面都很优秀的尼克，艾伯特又很想结识。于是，艾伯特没有放弃，他每天都会试着和尼克简单地聊两句，如"你喜欢什么运动""这件衣服很漂亮，谁给你挑的"……

开始一段时间，两个人总是进行这种一问一答的简单交流，但慢慢地，尼克逐渐适应了艾伯特的"关心"，开始和艾伯特聊了起来。原来，尼克并不是不愿意和同学们一块玩，只是他缺乏自信，害怕别人不理他，不想和他一起玩。

艾伯特和尼克约定一起努力进步，两个人一起学习，共同讨论问题，艾伯特还带着尼克融入同学们中间。渐渐地，尼克身边的人也变得活泼开朗起来。艾伯特庆幸自己没有被尼克的孤独"传染"，而是带他一起走了出来。

据研究发现，孤独可以"传染"他人。一个群体中只要出现一个孤独的人，这种孤独感便会像感冒一样传染群体中的其他人，这在心理学上叫"孤

独传染"。另外，孤独的传染能力取决于感到孤独的人与并不孤独的人之间的亲密程度，他们之间越是亲密，孤独的传染性就越强。

因此，即便自身并没有感到孤独，我们依然有可能因为别人而"感染"孤独。对此，我们可以在保护好自身情绪的情况下，尽可能地帮助朋友走出孤独。当然，如果确实已经无法改变现状，那么暂时和陷入孤独的朋友保持一定的距离也可谓明智之举。

怎样避免被孤独情绪传染？

1. 给自己设定一个界限。

接触孤独感强的朋友之后，可以允许自己在某个空间或某个时间段内情绪低落、孤独，但在走出这个界限的那一刻，做一个深呼吸，然后在脑海里想象自己已经把之前的感受装在一个箱子里，并且锁上了。这样的界限和想象有助于我们及时终止被身边人的孤独情绪所传染。

小灰和陈思聊天，碰了一鼻子灰，心情低落的小灰该怎么做？

"我更喜欢B场景中小灰的表现。"

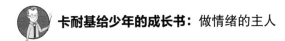

2 转移双方的注意力。

我们在情绪激烈的时候往往会沉迷其中，难以走出来。这个时候就需要建立一个兴奋点，转移注意力。如看看电视、锻炼一下等，做一些轻松的事情，多感受生活的美好。同样地，当被身边有着强烈孤独感的朋友传染后，我们可以试着找一些有趣的话题或一起做有意思的事，转移一下双方的注意力。

陈思接连几天都闷闷不乐，独来独往，小灰作为他的朋友，下面哪种做法比较可取？

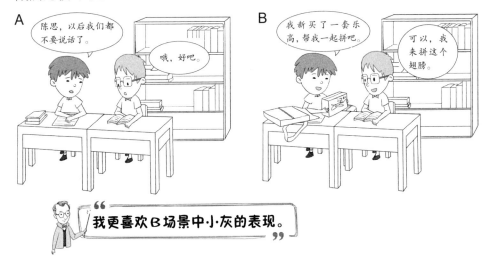

"我更喜欢B场景中小灰的表现。"

3 建立积极团结的联系。

某些情况下过于疏离冷漠的环境，或过于激烈的竞争关系，都不利于我们打破彼此之间的界限，并容易给孤独感的传染提供空间。而更加团结、氛围更为融洽的环境，才有利于大家和谐相处。因此，不妨尝试用某种积极的共同利益建立更团结的联系，如互相帮助学习、一起打扫卫生等，互相鼓励，走出内心的封闭世界。

轮到陈思办黑板报了，看着正独自苦恼画什么内容的陈思，小灰怎么说更合适呢？

3. 正视孤独,移除消极观念

情绪问题知多少

我是欣欣,最近一段时间,嘉美由于身体不舒服请假了。以前经常一起玩没觉得,现在她不来学校,我一下子觉得好孤单啊。今天早上看到大豪和阿满走过来,我跟他们打招呼,他们居然没理我。我觉得自己好像被孤立了,一定是我哪里没做好,惹大家讨厌我……脑子里都是这些不好的念头,我该怎么办?

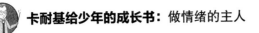

卡耐基曾经认识一位女士,她住在加利福尼亚州。如果她知道要在生活中寻找快乐、消除消极想法的话,她估计立马能够将自己的孤独和哀愁全部排除。

这位女士是一个年老的寡妇,她总是认为自己生活得十分悲惨,十分孤独,也从来没有尝试着去快乐起来。当有人问她今天感觉怎么样时,她总是嘴上说着:"啊,我还好。"但从她的表情和声音里,你能清晰地感觉到她仿佛在说:"天啊,你要是像我一样孤独,你就能理解我了。"

事实上,她丈夫去世后留下了一笔保险金,足够她维持生活。她还有三个女儿,都已经成家,偶尔会来看望她,都表示可以接她过去奉养。但她整天抱怨三个女婿太差劲,太自私,还经常抱怨自己的女儿不给她买礼物,每次面对家人时她都板着脸,很少见她笑。

慢慢地,女儿女婿觉得每次来都惹她不快,就减少了探望的次数。这么一来,她觉得自己更加孤独了,每天都郁郁寡欢。

其实事情真的有那么糟吗?不!她完全可以转变自己的观念,从一个满腹牢骚、挑剔、愁苦的老妇人变成受家人尊敬和喜爱的长者——只要她愿意转变自己的观念。

法国伟大的哲学家蒙田,他的座右铭是:"一个人由于外界事物所

遭受的伤害，远比不上他对事物的态度所带来的伤害。"当我们觉得孤独时，被负面情绪包围时，脑海里翻腾的消极观念会影响我们的精神，消极思想也会毁掉友谊和家庭关系。它还影响我们的身体健康，让人感觉虚弱、疲惫。

改变当下"我不够好"的想法，我们可以凭借自己的意志力，来改变我们的心境，振奋精神，使思想和行动表现为好像已经感觉到快乐的样子。不妨试一试：换个积极的角度看待不好的境况，深深地呼吸一大口新鲜空气，脸上露出开心的笑容，唱段小曲……当你的观念和行动显出快乐时，孤独就不会再打扰你了。

如何消除消极观念？

1 换个角度思考问题。

"这真的很重要吗""它真的能导致我一无是处吗""一年后，两年后，它还会有这么大的影响力吗"……当你由于一时的境遇不可避免地陷入孤独时，可以先试着转换角度，将眼前消极的境况诠释为积极的。说不定它们对我们只是一种磨炼，或者有着被我们忽略的有利影响。试着换个角度想想，用更长远的眼光看待所发生的事情。

欣欣因为打招呼被大豪和阿满忽视的事备感孤独，她该怎么看待这件事？

> 我更喜欢B场景中欣欣的表现。

2 寻求他人的帮助。

在陷入孤独情绪的旋涡中时,如果自己不可避免地沉浸在消极情绪中,难以脱身,可以尝试着寻求他人的帮助。求助身边的人看看还有没有其他办法,可以打破自己固有的思路,没准可以碰撞出更多火花,生成新的、积极的观念。千万不要一个人越陷越深,受消极情绪的影响,变得愈发孤独。

欣欣总觉得自己被大豪和阿满孤立了,她想找大豪聊一下,该怎么说呢?

> 我更喜欢B场景中欣欣的表现。

3 打造平和的心态。

生活中，我们会遇到很多不愉快的事，进而放大我们的孤独感。当避无可避地遇到这些事时，最重要的是我们面对它们的心态。让自己拥有平和的心态是很有必要的，它能帮助我们稳定情绪、理性解决问题……当然，这不是一朝一夕就能练就的，因此，从日常生活中的小事入手，注意培养自己平和的心态，是一种不错的方法。

欣欣想要心态平和一些，当大豪不想和自己一起打扫卫生时，她该怎么调整心态?

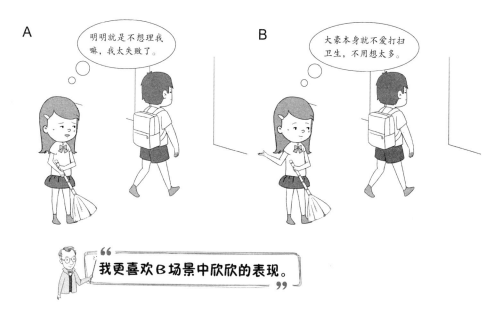

4. 充分利用时间,享受孤独

我是阿满,最近我开始尝试着克服经常冒出来的孤独感。试着和不同的人聊天,制定自己的目标,这些都没问题。但是一到我自己一个人的时候,我还是无法适应,害怕独处,上周末我爸妈加班,我一个人在家,感觉一天的时间过得真漫长啊!到底怎么做才能赶跑一个人独处时的孤独感呢?

第二次世界大战期间,卡耐基在从纽约回密苏里州的路上,结识了一位来自芝加哥的家庭主妇。这位女士告诉卡耐基,她唯一的儿子在日本偷袭珍珠港的第二天加入了美军。

骤然和儿子分开,她心里满是不舍和牵挂,同时由于儿子的离开,她也愈发感觉孤单。这位女士告诉卡耐基,她独自在家,每天都在思念儿子,这种孤独和思念让她抓狂。她常常想:儿子现在在哪里?他是不是安全?是不是在打仗?会不会受伤?会不会阵亡……

卡耐基询问她后来是怎么克服孤独和思念的,她回答说:"我让自己忙起来。"她告诉卡耐基,她先是没完没了地操持家务,但是作用不大,因为做家务是机械的,并不妨碍她思考。后来她意识到自己需要一份新的工作,能让她从早到晚沉浸其中,于是她去了一家大型百货公司当文员。

"这下好了,"她说,"我立刻忙得不可开交。每天都有各种各样的文件要准备、收发、邮寄,除了眼前的工作,我没有一秒钟时间想其他问题。而等到下班,我只想着如何放松一下疲惫的身体。吃完晚饭,我倒头就睡,根本没有时间和精力感受孤单和思念了。"

伟大的科学家巴斯德曾经提到过,他"在图书馆和实验室中找到了平静"。为什么会在这些地方找到平静呢?因为在图书馆和实验室里的人,通常埋头于手上的工作,没时间顾及孤独、忧愁等情绪,他们没有时间做这么奢侈的事情。

对大部分人来说,当忙于手头的事情时,基本都会"在忙碌中忘记自我",然而闲下来的散漫时间才是危险的,孤独感、忧虑等情绪都会找上门来。这时我们会有各种问题:我是不是一事无成,我的生活为什么这么无趣……与其这样,不如充分利用自己的时间,用忙碌将空闲时间填满,即使一个人,也要享受充实的人生。

如何充分利用自己的时间?

1 做好详细的时间规划。

用漫无目的的忙碌应对孤独并没有什么作用,我们可以列一份详细的

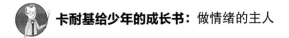

时间表,做好时间规划,充分利用每一分钟。遇到不适合自己完成的,或者需要调整的计划,可以先将自己一天所做的事情和花费的时间记录在本子上,明白自己在什么时间做了什么事情,然后结合详细的时间规划,两相对比,做出调整。

阿满不知道一个人的时候可以干什么,他应该怎么做?

2 充分利用碎片时间。

无论我们把时间规划做得多好,都难免会有意料之外的碎片时间。比如刷牙的时候可以利用碎片时间背书,去学校的路上可以听广播或录音……将充斥在各个时间段的碎片时间利用好,不仅能事半功倍,取得可喜的效果,还能享受一个人独处的时光,充实我们的生活。

阿满一个人坐在去学校的公交车上,感到孤独的他该怎么做呢?

3 要注意劳逸结合。

关于劳逸结合，有一个著名的公式：8-1＞8。意思是从学习的8小时中拿出1个小时休息、娱乐或进行体育运动，看起来是少了1个小时的学习时间，但由于精力得到恢复，效率却远远高于连续学习8个小时。因此，我们在学习感到乏力、精力不集中时，就可以停下来适当休息一下。我们可以制订相关的休闲放松计划，比如周末某天的安排，长时间学习后的短暂放松安排等。

阿满学习累了，他的正确做法是什么？

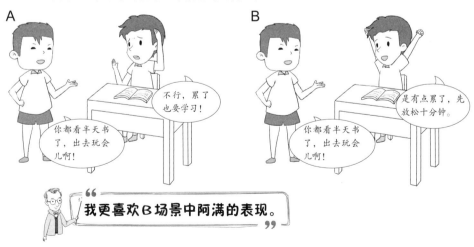

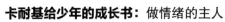

5. 创造与人社交的机会

我是陈思,前阵子我陷入了自卑和孤独之中,感觉自己什么都做不好,还差点把小灰给带偏了。后来小灰跟我说,不能总是沉浸在自己的孤独情绪中,要多和外界接触,试着多交些朋友。小灰还说把五年级的大豪介绍给我认识,可是我有点迷茫,我能有机会认识新朋友吗?

设想一下,一个时常跟理发店工人打招呼、关心厨师工作、还时不时赞美别人爱犬的人,他怎么可能会百无聊赖、孤独愁苦呢?

耶鲁大学的教授威廉·费尔普斯便是如此,他曾告诉卡耐基,他到饭店、理发店或去购物时,会和他遇见的人们交谈。有时他会在商店里赞美女服务员,夸她拥有美丽的眼睛或头发;有时他在散步时会夸赞别人正在遛的狗,夸得狗的主人心花怒放;有时他会关心理发店的工人站一整天是否劳累,然后问对方在这一行干了多久,给多少人理过发……

威廉意识到,观察并由衷地理解人们从事的事情,会给他们带来愉快的感觉。有一次,在一个炎热的夏天,威廉乘坐火车,在非常拥挤的餐车上吃午餐,那里十分闷热。当应接不暇的服务员终于将一份菜单递到他面前时，威廉说："这样热的天气，厨师们可不容易啊！"

那个服务员听了，感动地惊呼道："天啊，别的客人都在发牢骚，咒骂这儿饭菜口味差、价格贵、服务慢，还说这儿实在是太热了。我听了这么多年的抱怨，您是头一个对厨师的工作表示理解的客人，多希望能多些您这样的客人啊。"

孤独感不仅对一个人的心理健康有非常显著的影响，而且对人们的身体健康也有重要的影响。美国心理学教授霍尔特·伦斯塔德曾说："如果我们承认社会交往是人类的基本需求，那么就不能低估社会隔绝的风险。"

的确，人际交往对减轻我们的孤独感效果显著，但是很多人却不知道如何从封闭的环境中走出来。要建立好人缘，摆脱孤独感，就必须积极行动，光有想法肯定是不够的。而与人交往必不可少的就是人与人之间的接触，所以交际中一条重要规则就是：找机会多和别人接触。

怎样创造与人社交的机会？

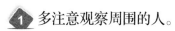

多注意观察周围的人。

内向孤独的人往往不喜欢观察自己周围的人，对他人不感兴趣。因为不感兴趣，所以很多时候错失与人交往的机会，渐渐地就会封闭自我，变成内向保守的人。其实，我们可以多留心身边的人的兴趣爱好，多观

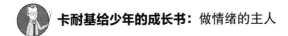

察他人是如何与人沟通交流的。这样可以帮助我们认识更多的人,一定程度上借鉴学习他人的交流技巧,并且有机会在合适的时机融入与他人的交往中。

设想一下,小灰带陈思去操场玩,偶然看到大豪在操场踢球,小灰连忙给陈思介绍大豪,对此陈思的哪种说法更好呢?

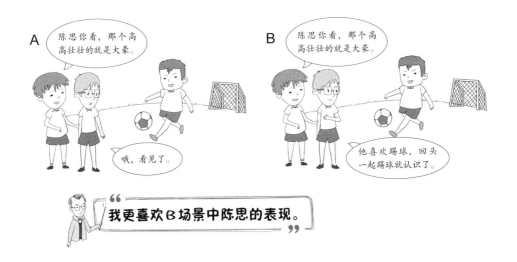

2 打开封闭的自己,走出去。

除了多观察之外,勇敢地走出去,多探索新环境也很重要。扩大交际圈可以通过朋友引荐、参加体育团队和兴趣爱好小组等形式来实现。事实证明,有共同利益或共同爱好的人更容易成为朋友。当然,学会和陌生人沟通也很重要,通常情况下,请求他人的帮助、赞美他人、评论共同熟悉的领域等,都是不错的方式。

当大豪踢完球,小灰、陈思、大豪三个人一起走回教室时,陈思怎么跟大豪说话更好些?

3 保持眼神交流和微笑。

如果你总是板着脸、神情严肃，呈现出不友好的面容，别人很难有兴趣和你做朋友。陌生人初次见面的第一印象至关重要，因此在想要结识的人面前，尽量避免出现斜视、皱眉、不耐烦或冷漠的神情。此外，双手抱胸的姿势由于防御性和抗拒性过强，也应该尽量避免。最好的与人交往方式就是柔和地注视对方，并流露出真诚的微笑。

陈思在校外偶然遇到了大豪，以及大豪身边的阿满，陈思哪种打招呼的方式比较可取？

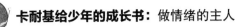

第八章 做自己情绪的主宰者

1. 改变自己，摆脱负面情绪

我是嘉美，自从升入五年级，我明显感觉自己的压力大了很多，我的情绪也更不稳定了。我时常因为爸妈的期望、指责而感到自卑，还因为学校考试的压力而紧张、焦虑。马上又要模拟考试了，我也想像欣欣那样平和、安静地准备考试，可是我就是停不下心里的焦虑、紧张，我该怎么摆脱它们呢？

有一次，卡耐基和他的夫人去芝加哥的约翰家吃晚饭。约翰在切肉的时候好像搞错了什么，卡耐基当时并没有注意到，而且就算注意到了，他也完全不会放心上。但约翰的妻子看到了，她立刻当着所有人的面发起火来，嚷嚷道："约翰，看看你在干些什么！你就学不会如何招待客人吗？！"

说完,她又转身对卡耐基抱怨:"约翰一天到晚都在犯错,他简直太粗心了!"就这样一直喋喋不休。卡耐基当时觉得,宁可在融洽的氛围中潦草地啃面包,也好过听着无休止的抱怨吃美味佳肴。

那晚过后不久,卡耐基和他的太太也在家设宴招待朋友。在朋友们到来之前,卡耐基的太太发现有几块餐巾居然和餐布不是一套的。她赶紧跑去问厨师,才知道原来配套的几块餐巾被洗了。

她急得快哭了,因为客人们已经到了,她来不及换了。后来她对卡耐基说:"我当时满脑子都在想,不能让这个愚蠢的错误毁掉整个晚宴。我要好好享受这个夜晚,宁可让客人们觉得我是个粗心大意的家庭主妇,也不愿他们把我当成一个神经兮兮的坏脾气女人。"

事实上,她也确实做到了,事后卡耐基了解到,那个晚上根本没人注意那几块餐巾。

我们的情绪常常会因为受到外界的影响,而发生一些微妙的变化。如果一个人的情绪长期处于不稳定的状态,就比较容易出现紧张、焦虑、悲伤、愤怒等负面情绪。长期被负面情绪困扰还会令身体产生不适感,影响我们的正常生活和学习,所以说,积极地调节和摆脱负面情绪非常重要。

对于影响我们情绪的外界因素,我们会因为它们而感到心烦意乱,是因为我们夸大了这些事的重要性。正如法国作家安德烈·莫鲁瓦所说的那样,"我们本应一笑置之,却总是纵容自己被琐事扰乱情绪……人生不过短短几十年的时光,摆脱负面情绪,不要再为琐事计较"。

卡耐基给少年的成长书：做情绪的主人

如何摆脱负面情绪？

1 摆正自己的心态。

良好的心态是支撑我们面对生活琐事和烦恼的重要法宝。面对同样的事情，不同心态的人往往有着不同的情绪和态度。所以我们在平时不妨注意调整自己的心态，如多看一些名著，看看具有正能量的影视剧，多参考正面人物的事迹等，都是培养强大内心和养成好心态的方法。

快要模拟考试了，嘉美心里焦躁不安，看到静下心专注复习的欣欣，她该怎么调整自己的心态？

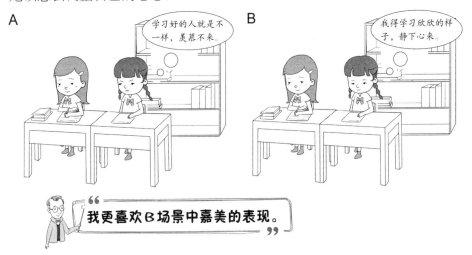

2 多和阳光、正能量的人交朋友。

近朱者赤，近墨者黑。环境会影响一个人，也会改变一个人。如果身边有一个负能量爆棚的人，天天在你耳边传播负能量，你的情绪也不会好，人也会变得消极郁闷。反之，如果经常和积极向上、具有正能量的人在一起，你的情绪自然会受到正面影响，负面情绪也会逐渐离你而去。所以多和积极阳光的人做朋友吧！

闷闷不乐的阿满想约嘉美一起去图书室复习，但嘉美不想被阿满的负面情绪影响，她该怎么答复？

3 开阔自己的眼界和心胸。

在同一个环境待得太久，或在同一件事情上思考得太多，会让自己的眼界和心胸受到局限。所以，我们有时间的话可以多出去走走，多接触新的朋友和事物，多开阔自己的眼界。无论新的经历是好是坏，都会在一定程度上转移我们的注意力，打开我们的眼界和心胸。如果在这个过程中能找到适合自己的解压方式，生活会变得更加有趣。

嘉美一直被模拟考试的事情困扰，心也静不下来，她可以怎么样调整呢？

卡耐基给少年的成长书：做情绪的主人

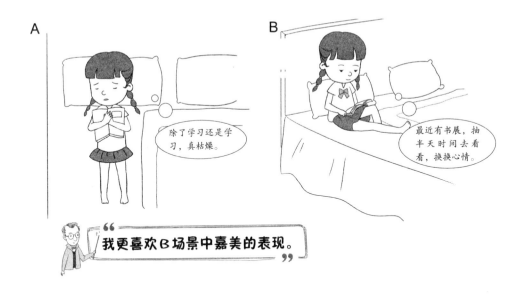

2. 别让"想太多"毁了你

我是陈思，我本身就喜欢胡思乱想，常常想着想着就把自己弄得很郁闷。而且由于自己转校生的身份，我做什么事都没自信，瞻前顾后。就说上周，本来和小灰约好了一起报名参加数学竞赛，可是说完不久我就犹豫了。我一直想，自己数学成绩一般，比赛要是倒数第一怎么办，被同学笑话怎么办……我怎么就不能像小灰那样镇定呢？

在卡耐基位于纽约的成人教育课堂上，弗雷德里克·马尔施泰特分享了自己在战时的经历：

1944年6月初，马尔施泰特躺在奥马哈海滩附近的一个狭窄战壕里，当时的他正在通讯连服役。战壕就是在地上挖的一个长方形的坑，马尔施泰特躺在里面想：这个坑就像是一座坟墓。接着，他开始想自己是不是会战死在这里。

夜里，德国的轰炸机出动，开始投下炸弹。马尔施泰特惊恐万分，连续几个晚上都吓得睡不着。到第五天的时候，他的精神已经快要崩溃了，他知道如果再不想想办法，自己马上就会发疯。

他提醒自己，一切都是自己的思想在作怪，他们的部队分散得很广，而且只有炸弹击中又深又窄的战壕才可能有生命危险。他们在战壕里待了五天了，还安全无恙，也没有一个人被德国的炸弹炸伤。所以，与其胡思乱想，自己吓自己，还不如采取些实际行动比较有效。

于是，他在战壕上面搭了一层厚厚的木顶，以免被流弹伤及。除非炸弹是瞄准他砸下来的，否则他死在战壕里的概率几乎为零。这样，他的情绪平静下来，再遇到空袭时，他也能照睡不误了。

通常来说，思考是一件好事，但有的人想得太多，就会让自己陷入沮丧、疲惫、焦虑等情绪中。那些过度思考的人，他们有"天分"可以把简单的

卡耐基给少年的成长书：做情绪的主人

事想得复杂，把一个小问题想成大悲剧。结果很多时候，想得越多，顾虑就越多，也就不敢行动了。

实际上，很多事情过多思考并没有什么意义，比如已经发生很久的事，比如未来无法预期的事。与其过多地把时间浪费在思考上，不如当下采取有用的实际行动。人生没有那么多如果，只有行动后的结果，有些事情只有去做才会有答案。

如何停止过度思考？

1 设定期限，控制思考时间。

避免过度思考，可以给自己设定一个思考的时间，超出这个时间就不再去想。有时候，犹豫不决和反复思考，反而会把自己的想法弄得混乱。比如，花半个小时去想一件事，得出自己的结论，时间到了就立刻停止思考，参考自己的结论开始行动。不要没完没了地思考，也避免只思考不行动。

陈思一直在想自己数学成绩不好，该不该报名数学竞赛，下面他的哪种想法更好些？

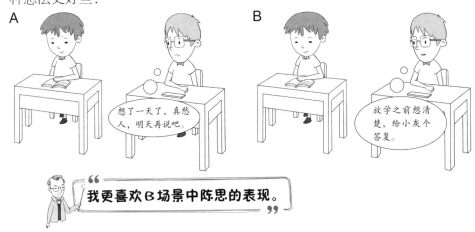

2 圈出思考范围，转移方向。

有的时候，想得太多并不见得是一件好事，尤其是各方面都胡思乱想，那样会耗费我们很多精力。所以，对于思考过度的人，不妨给自己划出一个思考范畴。比如，在学校里就不过多地想家里的事。不过硬性要求自己停止思考可能会事与愿违，越想阻止这种想法，却出现得越多。这个时候，转移自己的注意力是个不错的方法，如让自己陷入忙碌状态。

陈思在上语文课，脑子里却总在想数学竞赛的事，他该怎么调整自己？

" 我更喜欢B场景中陈思的想法。 "

3 聚焦于解决实际问题。

总是在脑海里想来想去，不如想办法解决实际的问题。总是沉浸在问题的思考中对解决问题并无任何帮助，寻找解决方法才是关键。问问自己，我们可以具体怎样解决眼前或未来的问题，如果切实可行，应该如何落实。这样确定之后，情绪自然会稳定下来，远胜于没完没了地胡思乱想。

小灰想和陈思确认报名参加数学竞赛的事情，陈思怎么回答更好呢？

3. 发泄情绪要适可而止

情绪问题知多少

我是大豪,我最近又惹祸了。原因是我在外面买东西的时候,被隔壁班的男生踩了一脚。我让他道歉,他却很敷衍,吵了两句后我就动手了。这事被葛老师知道了,她让我写检讨,在全校同学面前承认错误,这怎么能行,我一气之下,跟葛老师说我不上学了。现在已经在家待了一天了,我这次是不是闯大祸了?

案例时间

托尔斯泰是俄国著名的大文豪,也是一位声名显赫的伯爵,著有《战争与和平》《安娜·卡列尼娜》等文学作品。托尔斯泰和他的夫人还育有纯真可爱的孩子,他的家庭看起来是那么幸福。

但是,后来随着托尔斯泰思想的转变,他的性格也发生了改变。托尔斯泰开始忏悔,痴迷于基督的教义。他将大量的财富布施出去,自己持斋吃素,摒弃奢侈的生活。但是托尔斯泰的妻子却深受其苦,这位伯爵夫人崇尚奢侈,爱慕豪华的生活,丈夫的做法让她感到愤怒、怨恨。

伯爵夫人开始时常抱怨甚至漫骂托尔斯泰,而托尔斯泰的沉默更助长了她情绪的发泄。有时,她会躺在地上哭闹不止,有一次她甚至握着整块鸦片,假装要吞服自杀,以此来威胁托尔斯泰。

在伯爵夫人漫无止境的糟糕情绪中,托尔斯泰勉强支撑着度日,直到他再也无法忍受。1910年,82岁的托尔斯泰不堪婚姻的重负,离家出走,并在途中得了严重的肺炎,不幸离世。托尔斯泰临终前让人把自己葬在亚斯纳亚·波利亚纳的森林中,并拒绝他的夫人为自己送行。

卡耐基如是说

没完没了地发泄情绪,对自己的生活和家庭毫无益处,到处倾泻愤怒、抱怨、焦虑等,只会给糟糕的境况火上浇油。在生活中,我们有负面情绪是很正常的现象,合理地宣泄自己的情绪也是必要的,但需要掌握度。

许多人直接攻击影响自己情绪的人,轻则当面漫骂,重则采用武力解决,

卡耐基给少年的成长书：做情绪的主人

还有的人干脆拿身边的人出气，来发泄情绪，这些都是不理智的发泄手段。实际上，发泄情绪也要坚持一定的原则，既要能理性地排解自己的负面情绪，又不能够给他人带来伤害，且不影响自己的健康和未来。

如何避免过度宣泄情绪？

 避免因情绪伤害到他人。

情绪表达的目的主要是让对方体会到我们的心情，进而有效沟通，帮助解决当前的问题。所以，表达情绪时要理性，合理适度，尽量不要对他人造成伤害。最重要的是要控制好言语表达，以及行为动作，不要过于激烈，更不要攻击对方。此外，千万别用自己的坏情绪对准身边的人，更不要间接伤害他人。

买东西时，大豪被隔壁班的男同学踩了一脚，面对对方敷衍的道歉态度，大豪应该怎么回应？

2 不要在愤怒时轻易做决定。

千万不要在非常愤怒的状态下做任何决定,因为大多情况下,这时候做的决定都是错误的。人在愤怒时,情绪往往取代了理智的思维,导致我们无法做出正确的判断,事后才后悔不已,却又不容易挽救。所以如果涉及重大决定,或者有可能伤害他人的决定,一定要慎重考虑,或者等情绪平复后,在深思熟虑下再做决定,以免追悔莫及。

葛老师让大豪写一份要念给全校师生听的检讨,大豪在愤怒之下应该如何做决定?

"我更喜欢B场景中大豪的表现。"

3 不可因情绪影响自身健康。

有很多人在发泄情绪时,喜欢采用极端的方式,如不吃东西,或者干脆暴饮暴食。愤怒烦闷时,很多人会选择狂吃一些不健康的食品,如含糖量高、高脂肪、高碳水的食品,而不会选择绿色蔬菜。研究发现,生气时摄入过多不健康食物,身体的消化功能会减弱,很大程度上会导致腹泻或便秘。此外,熬夜、摔砸东西等也是不利于自身健康的发泄方式。

卡耐基给少年的成长书：做情绪的主人

大豪因为要写检讨的事，没有去上学，在家生气不吃东西，面对妈妈的劝说，他该怎么做呢？

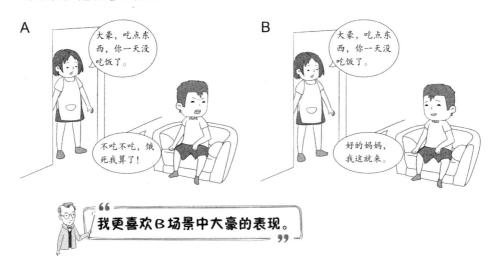

我更喜欢B场景中大豪的表现。

4.用理智来指导情绪

情绪问题知多少

我是小灰，我一直都很善变，虽然现在已经好很多了，但有时候还是控制不住自己的情绪。陈思没少领略我的善变，有一次，我们正开心地聊着天，我忽然想起来陈思借走我的一本野外探险的书还没还我，没想到陈思说他借给他邻居看了。我当时一下子就变脸了，把陈思吓了一跳，事后我也后悔，可情绪上来的时候该怎么理性一点呢？

卡耐基有一天和空调产业的先驱人物威利斯·H.卡里尔共进午餐。他给卡耐基讲了自己如何用理智控制情绪解决问题的事情。

当卡里尔还是个小伙子的时候,他在纽约州布法罗市工作,就职于布法罗锻造公司。有一次,他被派去给一家客户安装气体净化装置,用来去除燃气中的杂质。由于这项气体净化技术是新开发的,以前只试用过一次,而且试用环境与客户那儿不太一样。因此,当卡里尔开展工作时,遇到了一个大麻烦——设备只能勉强运行,性能却远低于自己公司承诺的水平。

卡里尔这样形容自己当时的状态:"我就像是被人当头打了一棒,深受打击,感觉五脏六腑都拧在了一起,焦虑得吃不下睡不着。"

后来他意识到,再怎么忧虑也解决不了问题。于是他开始冷静下来,理智地思考问题,努力想办法为公司减少损失。经过几次测试后,卡里尔发现,只要再投入五千美元安装辅助设备,就可以解决这个棘手的问题。

最终,通过这个方法卡里尔不仅帮助公司避免了两万美元的损失,还帮公司获取了一万多美元盈利。

当我们陷入消极情绪时,很容易心烦意乱,用情绪代替理智思考问题,甚至丧失判断能力。但其实很多消极情绪,往往是因为对事情的原因和真相缺乏了解而产生的。如果我们这时候能冷静地、理智地加以分析和处理,很可能发现事情并不像自己认为的那样,这时消极情绪也就会减轻很多甚至消失了。

增强理智感，用理智来指导情绪，可以使我们遇事多思考、多想事情的前因和后果，从而指引我们认真对待，慎重处理。这就需要对问题的思考从多侧面、多角度去辩证对待。此外，学会"心理换位"，试着设身处地为对方着想，也可以帮助我们更好地用理智对抗消极情绪。

如何用理智来控制情绪？

1. 摒弃"必须化"和"标签化"思维。

情绪化严重，并且不容易控制，很大原因是非理性思维，如"必须化"和"标签化"思维。必须化是指我们心里错误认定的事，如"我必须得到大家的认可""我的父母必须无条件宠着我"。标签化则是指动不动给自己或别人贴标签的行为，如一次考试没考好就认为自己"是个很笨的人"；因为同学拒绝帮你一次，你就认为他"没人情味"。摒弃这些情绪化的思维，客观全面地认清事实，才是理智的做法。

小灰听说陈思无法尽快归还自己的课外书，他怎么想更有助于事情的解决呢？

2 试着用心理换位法思考问题。

心理换位即站在对方的角度上思考问题，与对方互换身份和位置，达到"将心比心"的效果。比如当同学冒犯到自己，我们可以站在同学的角度上想一想，也许你就会发现同学的做法也情有可原，从而更容易控制自己的情绪，也更容易原谅对方。这种体会别人情感与思想的理性行为，有利于我们消除已经产生的不良情绪。

得知陈思把课外书借给他邻居后，小灰怎么回答陈思更好？

3 理性考虑并做出决定。

在明确自己正处于什么情绪中时，如果你只有一种反应的态度来应对，就很容易被情绪所控制。但如果你想出至少两种应对情绪的方法，你就有选择和做决定的机会，就会自然而然地运用理性和智慧。比如，在有人挤到你时，你感到非常生气，如果脑海里只有一种反应，就是教训他，那就容易被情绪所操控；但如果你加上一种选择，如让对方道歉，你就更容易理性思考，并做出正确决定。

面对因还不了书不好意思的陈思，小灰该做出怎样的决定呢？

卡耐基给少年的成长书：做情绪的主人